中国乡村建设系列丛书

把农村建设得更像农村

辉山村

沈欣 著

江苏凤凰科学技术出版社

序

辉山村项目位于安徽涡阳县，相传是老子的故里 [1]。项目由安徽农道建筑规划设计有限公司（以下简称"安徽农道"）承接，是一个由"安徽农道"负责人沈欣牵头的，针对安徽北部地区的新农村建设项目。

整个项目践行大格局、大规划的设计理念，具体分为一个村、两个镇、一个老城区和一个湿地公园，辉山村项目是其中之一。项目地处贫困地区，县委书记是一个有理想、有情怀的人，想重建涡阳县乡村。为此，他多次与我沟通，希望"安徽农道"承接涡阳乡村重建项目，为安徽北部地区打造乡村振兴的示范样板。此外，我们做这个项目，还因为这里相传是老子的故里，老子是中国道家文化的代表人物，《道德经》更是中国传统文化的经典，这也是此项目的价值所在。

辉山村项目不仅在安徽北部地区树立一个乡村建设的典范，而且锻炼了"安徽农道"的设计团队。在项目实施过程中，"三瓜公社"已有一定的影响，未来安徽省域的乡村建设项目越来越多，业务量也比较大，如何在安徽地区快速组建一支队伍是亟须考虑的一件事。辉山村的特点不明显，文化、生态环境不太好，政府希望打造一个样板，说服涡阳县政府和当地村民，以取得初步的信

---

1 关于老子的故里，存在争议，一说位于河南省鹿邑县，一说位于安徽省涡阳县。这里采用后一种说法。

任。因此，我们以辉山村为切入点，从民房改造、烈士陵园、小学、公共空间、资源分类等方面，促使乡建团队与地方政府之间达成深层次的信任。

在项目实施过程中，首先，"安徽农道"负责人沈欣具有很强的统筹能力和谈判能力，项目步骤明确、条理清晰，人员配置合理，进度松弛有度。其次，我的学生张承宏经过很长时间的锻炼（从援建项目、阜平项目、"三瓜公社"，再到辉山村项目），积累了丰富的经验。张承宏是"安徽农道"的设计总监，主要负责辉山村项目的具体事务，这对他来讲是一次挑战，他非常希望这个项目取得成功。

实施过程中，"安徽农道"的设计团队独立地思考、理解乡村建设涉及的问题和采用的方法。这个过程并非靠人教授，而需要设计师去感受、感悟、感动、感觉。勇于实践，在实践中成长，在过程中遇到问题，领导们及时把关。设计团队的成员，从总负责人沈欣到设计总监张承宏等，具有很强的专业性和系统性，并且经验丰富。在不到一年的时间里，政府对取得的成果非常满意，"安徽农道"设计团队的执着精神和专业技术水平为涡阳县二期建设和推进以及乡村振兴奠定了坚实的基础。

孙君

孙君："绿十字"发起人、总顾问，画家，中国乡村建设领军人物，坚持"把农村建设得更像农村"的理念。其乡村建设代表项目包括河南省信阳市郝堂村、湖北省广水市桃源村、四川省雅安市戴维村、湖南省怀化市高椅村等。

目 录

1　激活古村　　　　　　　　　　　　　6

　1.1　初识辉山　　　　　　　　　　　6

　1.2　总体定位　　　　　　　　　　　10

2　辉山村今与昔　　　　　　　　　　15

　2.1　改造前的辉山村　　　　　　　　15

　2.2　改造的单体案例　　　　　　　　23

3　乡村营造　　　　　　　　　　　　30

　3.1　设计思路　　　　　　　　　　　30

　3.2　设计特色　　　　　　　　　　　32

　3.3　村庄风貌营造原则　　　　　　　33

　3.4　区域与空间　　　　　　　　　　34

　3.5　建筑意向与细部处理　　　　　　38

　3.6　新式民房建筑式样　　　　　　　42

　3.7　乡村公共建筑　　　　　　　　　46

　3.8　民居施工图　　　　　　　　　　80

　3.9　旧房改造　　　　　　　　　　　86

　3.10　产业 IP　　　　　　　　　　　88

4　乡村生活　　　　　　　　　　　　104

　4.1　景观建设实践　　　　　　　　　104

　4.2　景观规划设计的前期探索　　　　108

4.3 生活污水处理   109

4.4 村庄资源分类系统   111

5 预算与施工   118

5.1 项目总造价与各项造价   118

5.2 施工单位要求   119

5.3 建筑材料   119

5.4 项目建设周期   120

6 手 记   121

6.1 设计小记   121

6.2 媒体报道   134

附 录   140

团队简介   140

团队成员   141

"绿十字"简介   142

致 谢   143

1 激活古村

1.1 初识辉山

项目名称：曹市镇辉山村美丽乡村建设与规划设计项目

项目性质：整改、恢复

用地面积：44.69公顷

项目位置：安徽省亳州市涡阳县曹市镇辉山村

居住人口：4865人

总体定位：以"把农村建设得更像农村"为建设理念，依托辉山烈士陵园，融合红色文化元素建设美丽乡村，对非物质文化遗产进行传承和弘扬，将村落保护和美丽乡村建设相融合，激活乡村经济，改善生活条件，增加农民收入，打造具有历史记忆和地域特色的休闲旅游服务型村庄，真正让人们"望得见山、看得见水、记得住乡愁"。

涡阳县是安徽省历史文化名城、全省科普示范县、安徽省首批扩权试点县、安徽省文明县城、长三角休闲旅游名城。

涡阳县位于淮北平原中部，地处亳州市中心地带，毗邻豫、鲁、苏三省、交通便捷。自古迄今，涡阳县物华天宝，人杰地灵，英豪代起，贤哲如林，诚

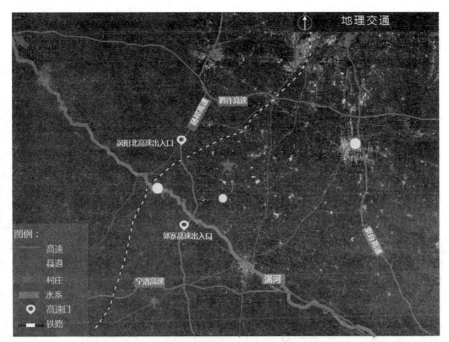

地理交通

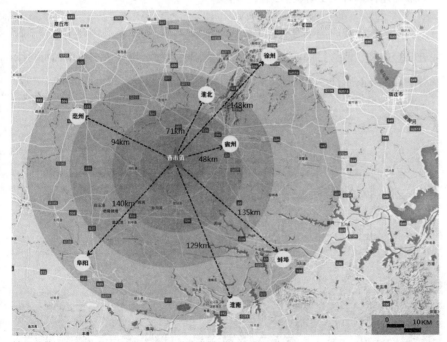

地理区位

钟灵毓秀之地、系蕴才积盛之方。相传一代先哲老子诞生于此；灿若星辰的历史文化名人如孔子、尹喜、范蠡、庄子、黄石公、张良、嵇康、陈抟及当代风云人物刘少奇、邓小平、陈云等，都在这里留下珍贵的足迹。因此，涡阳县是一个区位优越、交通便捷、自然资源丰富、历史悠久、文化底蕴深厚、旅游业潜力巨大的县城。

辉山行政村位于曹市镇中部，距离曹市镇区仅2千米，县道涡宿路东西穿村而过，交通极其便捷。古有三国魏武帝曹操屯兵的红栗城雄居曹市集北（又称北平城），现有彭雪枫、张震等将军在这里留下抗战和反对内战的足迹。村内有"辉山革命烈士陵园"的纪念塔和新四军烈士纪念碑。辉山烈士陵园是皖北最早且最大的抗日烈士陵园，于2003年列为亳州市重点革命烈士纪念建筑保护单位、省级爱国主义教育基地。此外，石佛寺、柴村庙、侯氏孤堆等古迹也久负盛名。

全域旅游概念最早在2016年全国旅游工作会议上由国家旅游局局长李金早提出。根据"取之于民、用之于民"的基本原则，鼓励当地村民积极参与，将生态旅游、绿色旅游的理念融入当地旅游规划，不仅营造独特的原真文化，也给当地旅游平添几分魅力，促进自然保护区周边经济的发展，是实现精准扶贫的最佳途径，有利于解决"三农"问题。

涡阳县积极响应国家号召，率先启动国家全域旅游示范县创建工作，不断促进精准扶贫，改善村民的生活质量，为涡阳县自然环境和人文环境的可持续发展创造良好的条件。涡阳县委书记胡明文不建议直接把农村土坯房刷成白墙，

辉山村貌

达到"白墙黑瓦"的效果。他对孙君老师"把农村建设得更像农村"的乡建理念非常感兴趣，对其"一户一特，一村一品"和"财力有限，民力无限"挖掘乡镇内在动力的系统规划理念赞不绝口。他表示，应当以"乡村振兴"为目标，致力于"乡村振兴、涡阳增色"，聚焦全域旅游，打造美丽乡村建设新样板，因此选择"安徽农道"设计团队。

"安徽农道"是一家集城乡规划设计、产业包装及乡村激活于一体的综合性公司。总顾问孙君是北京市延庆区绿十字生态文化传播中心（以下简称"绿十字"）发起人、中国乡村建设领军人物、中国本土规划与设计学派开创人，曾受到时任总书记胡锦涛的亲切接见。"安徽农道"应涡阳县政府邀请，赴涡阳县实地考察，选择项目点。第一批考察项目点有新兴镇、辉山村、石弓镇、闸北区、义门镇、老城区、牌坊镇等，辉山村作为涡阳县全域旅游第一个实施项目点。首先，辉山村距离涡阳县城较远，打造成功后具有示范带头作用。其次，辉山村周边没有高大的建筑，杨树、麦田形成一派自然的田园风光，房屋距离道路较远，视野比较开阔，具有皖北平原的特色。另外，辉山村是红色爱国主义教育基地，文化内涵非常丰富。

在深入调研辉山村后，"安徽农道"提出要实行三个改变：一是改变政府的观点，充分宣传"财力有限，民力无限"等乡建理念；二是改变村干部的思想观念，即"安徽农道"的服务是陪伴式服务，村干部需积极推进项目的硬件和软件建设；三是改变村民的传统观念，秉持"不大拆大建"的原则，保留大部分乡村风貌。

1.2 总体定位

定位：天下道源，红色辉山；农旅融合，涡水人家。

辉山村所在的涡阳是一个文化底蕴丰富的县域，相传有"老子故里、天下道源"的美称，道家文化深刻地影响一代又一代辉山人的生存哲学；辉山是一个充满红色记忆的村庄，众多开国将军在此留下保家卫国的英雄足迹。此外，辉山是一个传统农耕乡村，依水为居、以土为生、安居乐业是辉山人的千年梦想。

新四军第四师十一旅涡北抗战烈士纪念塔

为此，"安徽农道"应涡阳县委政府之邀，于2016年10月开启"英雄筑梦·美丽辉山"乡村建设活动。曹市镇辉山村美丽乡村规划与建筑设计项目以"把农村建设得更像农村"为建设理念，以"互联网+三农"为实施路径，积极探索一、二、三产业融合，农旅结合，采取休闲农业发展和美丽乡村建设新模式，走一条生态绿色发展之路。

1.2.1 村民意愿

一方面，辉山村村民文化知识普遍偏低。很多村民依靠长辈的言传身教，通过在实践中积累经验而掌握部分技术，不懂现代农业科学技术，也不会使用现代化的生产工具。另一方面，辉山村村民经营管理素质较差，市场竞争力较弱，很少关注市场需求，缺乏有效捕捉市场信息的能力。例如美丽乡村建设中的第一家示范户候虎，对住宿所需用品、吃饭所需餐具等并不十分了解，缺乏一定的运营经验。

另外，辉山村大部分村民表示不清楚石佛寺、柴村庙、侯氏孤堆等古迹，对传统文化的重要性认识不足。村民思想理念的落后和相关知识的匮乏，导致对传统文化的认知匮乏，只按照自己的意愿，做一些实现经济创收的事情，不知道从长远来看有些行为可能破坏传统村落文化。有些村民虽然意识到要保护传统村落文化，但对于如何保护却是一知半解。另外，民众意识淡薄，缺乏文化危机感，更谈不上传统文化的传承与发展。种种因素导致辉山村传统文化非常"落寞"。

忠烈祠

石佛寺　　　　　　　　　　　柴村庙

尽管如此，村民求变、求富、求发展的心愿非常迫切，只是不知道门路在哪里。因此，在乡村建设中激活村民的参与意识，让村民在乡村建设中找到存在感、重拾获得感，是辉山村美丽乡村建设项目的根本和方向。如今，辉山村越变越美丽，村民看在眼里，乐在心里，积极性越来越高，从一开始的抵制到现在主动询问规划建设情况，种种迹象表明村民非常希望家乡越来越好，改造意愿也愈发强烈。

1.2.2 政府意愿

地方政府作为乡村建设的引导者，总体目标是建设"生态宜居村庄美、兴业富民生活美、文明和谐乡风美"的美丽乡村。"生态宜居村庄美"即村庄规划科学合理，农民住房实用美观，中心村道路、电力、供排水、信息网络等基础设施配套完善，垃圾污水得到有效处理，村容村貌整洁有序，自然生态保护良好，人居环境明显优化。"兴业富民生活美"即现代农业产业体系基本形成，农业产业水平大幅提升，农民就业创业空间不断拓展，收入水平大幅提高，农村公共事业加快发展，初步实现城乡基本公共服务均等化。"文明和谐乡风美"即村民自治机制不断完善，村规民约基本健全，乡村红色文化得到传承与发展，农民精神风貌积极向上，生活方式文明健康，社会保持和谐稳定。

根据辉山村经济社会发展水平和村庄的实际情况，因地制宜，保护自然与历史文化遗产，注重乡村历史文化保护和利用。把乡村环境、田园风光与乡村生活结合起来，体现地域特色，重点打造乡村红色旅游和爱国主义教育基地，让辉山成为引领涡阳美丽乡村建设的示范，并以此推动涡阳全域乡村建设的有序展开，这既是地方政府的责任，也是地方政府的希望。

1.2.3 设计师意愿

1. 规划设计理念

在皖北，传统建筑主要为三合院平房，由正房和东、西厢房以及倒座东房形成的过底门楼围绕中间庭院，构成围合式布局的传统村落群。部分"一"字形瓦房，三明两暗，过去屋顶大部分为两坡草屋面，主要山墙形式是硬山式，清水山墙不出头，循着屋顶的坡度构成"人"字形。主要建筑材料为土坯和青砖，少量使用青石板砌墙。

房屋山墙分上、中、下三段，上山青砖盖帽，中段土坯墙，下砌九层青砖基础，形成有趣的土坯中腰格局。屋面主要为合瓦，过去多为草席顶棚，门窗较小，门梁与窗梁两侧盖青砖，大户人家山墙外檐柱头有少量砖雕艺术花砖块，开窗形式主要是木格栅窗。

规划和建筑风貌设计上，突出"把建筑当艺术"的总体思路，尽量保持当地文化特征，尽可能恢复涡阳传统文化标识。根据人口基数确定面积、层高以及建筑用地与密度指标，尽量节约用地。建筑设计上，结合地形和建筑功能，对建筑造型、尺度、材料、色彩、工艺及造价进行研究，确保建筑质量，并节

皖北传统建筑

约资金，减少材料消耗，缩短工期。

建筑功能上，突出"符合人的尺度"的设计理念，优化建筑形制、空间结构与平面布局，提高村民的生活质量。规划设计上，统筹考虑住宅（中堂与大门）、室内、菜地和前园，充分运用乡村田园元素。

建筑材料上，因地制宜，就地取材，尽量运用当地的石、砂、土、木、竹等一切可再生、可循环的资源，减少建筑垃圾，确保生态良性循环；公共设施部分，控制混凝土的使用比例，除必要的晒场，道路与广场、庭院地面尽量使用当地材料，合理利用废料（如三合土地面、废弃混凝土块、砖头等），做到生态、美观、实用。

建筑造型上，既尊重传统又体现现代特色，结合用地的地形、地势和地貌特点，顺应自然，与山水树木有机协调，使建筑有"长于自然"之感；紧密结合历史民居的风格与特征，保留部分当地特色传统建筑，以彰显乡村的历史底蕴；充分运用现代元素，让乡村规划具有一定的前瞻性。

2. 组织建设理念

从事乡建这么多年，设计团队得出一条很重要的经验：得到乡镇基层地方政府的鼎力支持，得到"村支两委"的真心拥护，这样的乡村建设就会取得成功，并且能够实现可持续发展。否则，要么建设工程半途而废，要么即使实现最初的建设规划，也因不接地气而无法持续发展。因此，在新乡村建设运动中倡导"还政于乡镇政府，还权于村支两委"的乡村建设理念非常重要。

所谓"还政于乡镇政府"，即尊重乡镇政府在乡村建设中的话语权。具体来说，就是把在农村改革发展过程中被削弱的乡镇一级地方政府管制权归还给乡镇一级地方政府，让镇政府成为一个名副其实的地方政权组织。在新乡村建设中倡导"还政于乡镇政府"，通过县（市）一级政府的"赋能"和"赋权"，完善乡镇基层政府的组织架构和职能定位，让乡镇一级基层地方政府具有话语权——参与权、决策权和监督权。

乡村政府只有拥有一定的财政支配权、必要的动议否决权和适当的人事任免权，才是健全的基层政权组织。同样，依托于完善的乡镇政府功能，才能恢复乡镇的公信力和执行力，凝聚村民对乡镇政府的向心力。只有具有公信力、执行力和向心力的乡镇基层政府，才能真正推动新乡村建设的全面发展。这就是在新乡村建设运动中提出"还政于乡镇政府"的根本原因。

"还权于村支两委"，即尊重"村支两委"在乡村建设运动中的决策权。设计师张承宏坚信"外来的和尚不见得能念经"，不理解就念不了经。现在，涡阳县里不是光说，而是真干、实干，坚持还权于村，还权于民。通过赋权，重塑农村基层村组干部在村民中的公信力和执行力，使"村支两委"真正成为新乡村建设运动中的一支重要力量。

一方面，"村支两委"作为法定的农村基层组织，参与乡村建设的决策过程是其应有的一项权利。而且，乡村建设主要依靠村民的力量，"村支两委"作为村民的代表，拥有决策权，这是由其职能决定的。另一方面，村干部作为"村支两委"的成员，其在农村中的地位也决定了在新乡村建设中倡导"还权于村支两委"的必要性。

在新乡村建设运动中，倡导"还权于村支两委"的理念，重在恢复乡村内生的社会组织结构和管制秩序，重塑农村基层村组干部的公信力和执行力，让农村基层组织——"村支两委"真正发挥它在乡村建设过程中组织、协调、动员和率领农民积极参与新乡村建设的能力，最终推动农村经济社会的发展。

2 辉山村今与昔

2.1 改造前的辉山村

2.1.1 规划范围概况

1. 村庄概况

1）村庄区位及人口状况

辉山行政村位于曹市镇中部，距离曹市镇区仅 2 千米，县道涡宿路东西穿村而过，交通极其便捷。

村域内共有 10 个自然庄，辉山西部人口超过 1387 人，人均土地近 0.13 公顷，全村拥有劳动力 4800 多人，常年外出人口达 3000 多人。

2）气象气候

辉山村属暖温带半湿润季风气候，其主要特征是：夏季多东南风，冬季多西北风；气候温和，雨量适中，雨热同步；光照充足，无霜期较长，光、热资源比较丰富。

3）村庄文化

古有三国魏武帝曹操屯兵的红栗城雄居曹市集北（又称北平城），现有彭雪枫、张震等将军在这里留下抗战和反对内战的足迹。村内有辉山烈士陵园的纪念塔和新四军烈士的纪念碑。辉山烈士陵园是皖北地区最早、最大的抗日烈士陵园，于 2003 年列为亳州市重点革命烈士纪念建筑保护单位，为省级爱国主义教育基地。此外，北平城遗址、侯氏孤堆、忠烈祠等古迹也久负盛名。

北平城遗址

侯氏孤堆

忠烈祠

辉山烈士陵园

2. 土地利用情况

规划区内用地以耕地、牧业用地和村庄建设用地为主，另有部分坑塘和沟渠。

3. 基础设施

1）道路交通

（1）县道。

县道 X016 涡宿路由村庄西侧穿过，路面宽度 7 米，两侧之间建筑间距约 30 米，其中来往重型车辆颇多，对村庄形成极大的安全隐患。

涡宿路

（2）村道。

村庄内部道路多为水泥路，部分地段存在泥泞路、碎石路，入村主路宽度 5 米，其他道路宽度 2.5~3 米，入户道路则为水泥路、土路。

村道

2）水系

村庄水系密布，雨量适中，且夏雨集中。凤凰河、殷家河流经村庄东西两侧，河水供农田旱季灌溉使用。

水系

水系

村内为无组织自然排水，饮用及生活用水统一供应，少数贫困老人还使用地下水。无排水管道，部分排水管道在施工，村民如厕以室外旱厕为主，粪便定期捞出，进行做有机肥处理，有些未经处理而排放至河流，易造成污染。

3）电力

村庄共有四个变压器，现状电力基础设施基本满足村民生产、生活需求，但供电线路较零乱，存在安全隐患。

4）消防

村内无消防设施。

5）垃圾站

沿路边设有简陋垃圾池，但已损坏。垃圾乱扔乱倒、就地焚烧，导致全村环境脏乱。

4. 公共设施

公共设施有辉山忠烈小学、党群服务中心、卫生所等，村庄公共服务配套不足。

辉山忠烈小学

党群服务中心

卫生所

5. 建筑风貌

1）老建筑

老建筑的风格较普通，坡顶，多为20世纪五六十年代农户自建。少量为老人居住，但大部分无人居住。部分老建筑年久失修、室内潮湿、外观破损、墙体开裂倾斜、结构失稳，院内外荒草丛生，已成为危房。

老建筑

2）普通建筑

普通建筑位于道路两侧，呈阵列条形分布。多为三层砖混结构楼房，建造于2000年之后。建筑形式杂乱，以"火柴盒"为主，门窗大都为不锈钢，无乡村特色。门前多为水泥地，部分作为菜地。

普通建筑

6. 生存环境

1）水土

村庄夏季雨水充沛，冬季少雨则水源不足；土地属红土，土壤肥沃，以小麦、黄豆、玉米等粮食作物种植为主，部分种植药材。

2）植被

村内植被品种单一，经济价值及观赏价值不高，以杨树和柿子树为主，有少量楝树、梧桐，烈士陵园内有大片松树。

2.1.2　存在的问题

1）道路交通问题

县道 X016 涡宿路由村庄西侧穿过，但道路质量较差，局部裂痕较大，道路附属设施不完善，村内泥土路较多，导致交通不便。

2）基础设施问题

辉山村现有的基础设施基本能够维持村庄的日常运营，但乱搭乱建现象普遍存在。公共厕所多为旱厕，不美观，直接外排，造成环境污染；无垃圾站，垃圾随处堆放；无污水处理系统；无公共停车场；缺少公共基础设施。

3）景观风貌问题

村外道路两侧为行道树，村内无绿化，"晴天一身灰，雨天一身泥"是村民日常生活的真实写照，村民家中无果树和花卉，乡村特色不突出。

2.2 改造的单体案例

2.2.1 辉山忠烈小学

　　辉山忠烈小学，原名辉山小学。辉山作为县级爱国主义教育基地，为了弘扬忠烈精神，传承红色基因，教育一代新人，故更名为忠烈小学。1982 年，时任中央军委副主席张震上将为学校题写校名。

改造前的辉山忠烈小学

改造后的辉山忠烈小学

如今在很多农村，小学和幼儿园全部撤并，而"安徽农道"团队却在辉山村建起了最漂亮的小学和幼儿园，政府加大教育设施、设备的投入，提升并保障乡村教师的质量、数量和待遇，完善课程建设，因而学生越来越多，由去年的300多人增至现在的400多人，大量学生"回流"，濉溪县、蒙城县等周边县城的学生纷纷慕名而来。如今，辉山村乡村教育发展势头渐猛，这种转变启发了我们：乡村教育是人才振兴的重要手段，应大力吸引企业家、乡贤名流和技术人才，必须从振兴乡村教育抓起，乡村教育可以作为县域教育的一大亮点。由此，孩子回来了，父母也会跟着回来。

2.2.2 辉山烈士陵园

1944年8月，新四军第四师彭雪枫师长率第十一旅和第九旅主力挺进津浦路西，在夏邑八里庄战斗中，彭雪枫师长不幸被流弹所伤，壮烈殉国。我军同仇敌忾，英勇奋战，逐步收复革命根据地。十一旅和分区所属部队在收复根据地的数百次战斗中，光荣牺牲300余人。1945年夏，根据首长指示，在辉山建立烈士公墓，同年12月落成。为取纪念意义，当时的中共雪涡县人民政府于12月6日颁发布告，决定改"灰山"为"辉山"。

1994年5月1日，张震上将曾到辉山故地重游，到达后先向烈士陵园献花圈，查阅烈士名录，在烈士陵园门西侧题写题词，即"辉山革命烈士陵园"和"辉山忠烈小学"，并与各级组织负责人在此合影留念。

辉山革命烈士陵园内的主要建筑有纪念塔、公墓、石碑、护碑亭、纪念牌坊、云梯等。陵园大门中间是八角护碑亭，两根立柱上的挽联是："忠于人民，忠于阶级，赤胆忠心长耿耿，晴天碧海；退却在后，冲锋在前，战斗英雄名赫赫，万古千秋"。红底金字的匾额是"精忠报国"。亭子内立有两块石碑，前一块为五角星碑，刻着张震及吴芝圃撰写的《彭故师长雪枫同志史略》。下为长方形，刻着毛泽东、朱德、刘少奇、彭德怀、陈毅为雪枫同志题写的挽联。背面刻有中共中央华中局的挽词。后面一块双落槽式的大石碑，正面刻着淮北苏皖边区第二行政公署的碑文，背面刻着第十一旅兼旅长张震、政委赖毅、副旅长姚运良的碑文。

纪念塔位于陵园中心，塔身5层，高15米。塔下面是砖石砌成的公墓，墓前有一方碑亭，碑上镶刻300余名烈士的姓名、职务和牺牲地点。西护碑亭的匾额是第十一旅敬献的"壮烈千秋"，立柱上是雪涡县敬献的挽联："英雄

改造前的辉山烈士陵园

改造后的辉山烈士陵园

事业永垂不朽；民族浩气万事长存"。亭子内有三块石碑，分别是三十一团、青疃区和辉山乡。东护碑亭内有三块石碑，一块是三十二团的，另外两块正面刻着宿蒙县敬献的挽联："辉山永在，涡水长流，烈士英名垂千古；津浦扬威，浍泚歼敌，丰功遗爱感万家"，背面刻着烈士公墓筹备委员会主任撰写的陵园落成跋。墓园周围是花砖墙，墓塔和护碑亭之间铺有甬道，两侧栽有松柏、梧桐树。整个建筑设计精美、肃穆壮观，铭刻着党和人民对烈士的缅怀与哀思。

东护碑亭内的石碑

2.2.3　老书记书屋

2003 年，辉山村老书记候传武辞掉工作，去上海打工。上海是个快节奏的城市，享受便利的同时，疲惫也伴随而来。老书记发现，十几年的打工生活并没有给他留下深刻的记忆，反而异常想念辉山村村民的热闹、互助、简单，于是毅然决然地选择回乡创业。

老书记说，他们这代人非常幸运，从小与大自然亲密接触，感受自然，而现在的年轻人，伴随着互联网成长起来。失去很多与大自然接触的机会，想象力和感受力受限。他希望更多的年轻人继承和发扬中国传统文化，让传统文化不再是口号，而融入日常生活中的点点滴滴。

如今，老书记书屋在如火如荼地建设中，相信不久的将来，老书记书屋将点亮辉山的乡村生活。

2.2.4　红色记忆

2018 年 4 月 1 日，由"安徽农道"打造的第一家示范户"红色记忆"正式开业，县委领导多次前来参观、考察。

起初，红色记忆的经营人候虎对"安徽农道"的设计理念并不理解，对镇

改造后的老书记书屋

政府的信任度不高，对改造持观望态度。镇政府和设计师多次登门造访，讲解辉山村的规划理念，候虎最终同意改造。如今，候虎家经过精心打造，已独具特色，他本人也全身心地投入到民宿、餐饮的经营中。"红色记忆"试营业至今，

改造后的候虎家

住宿的客房、用餐的包厢一直爆满，随着游客不断增多，原本沉寂的辉山村有了生机和活力。修建民宿，吸引游客，活化古村，留住文化，候虎一步一个脚印不断尝试，为了让乡村不再空心化，他对未来充满信心。

2.2.5　辉山小院

辉山烈士陵园最初的设计者丁永年曾在此处居住半年，在他的带领下，全体员工分工具体，密切配合，群策群力，将以往荆棘丛生、离乱荒凉的"灰山"改建成巍峨壮观、庄严肃穆的"辉山"烈士陵园。短短几个月时间，丁永年给村民留下了深刻的印象，与村民结下了深厚的友谊，也留下了一座不朽的丰碑。

如今，辉山小院改造为爱国主义教育基地，是弘扬民族精神、学习革命传统、陶冶道德情操的重要课堂。同时，围绕"农村电商、农旅结合、乡村建设"等课题，在辉山小院组织培训、开展研究，为县域农村的电商运营和乡村建设等提供智力支持。

改造前的辉山小院

改造后的辉山小院

2.2.6　振兴街

辉山村沿街立面是全村的主街道，道路两侧基本是老旧住宅，配套设施相对落后。在沿街建筑立面改造之前，道路两侧的建筑外观老旧败落，部分存在脱落和渗水现象，各种管线悬挂于墙面，既不美观又存在安全隐患。

改造后取名"振兴街"，沿街立面建筑群具有传统文化特色，为辉山村披上了锦绣盛装，使昔日陈旧破陋的辉山村脱胎换骨，成为美丽乡村示范点和红色旅游胜地。这里是文化之街、人气之街、灵动之街，吃喝玩乐一站共享，在家门口体验格调生活，开启一天的精彩。

改造前的振兴街

改造后的振兴街

3 乡村营造

3.1 设计思路

辉山村位于安徽北部亳州市境内，位于曹市镇东北部，直接影响镇区未来的发展。村庄东部为辉山烈士陵园，是为悼念新四军第四师第十一旅的 300 余名烈士而建。辉山村所辖十个自然村，本次规划范围覆盖三个自然村，为辉山村主村所在地。

辉山村存在一个突出隐患，即县道从东西穿村而过，来往重型车辆颇多。沿县道两侧建筑大都为 2000 年后盖的商住式的门面房，间距约 30 米，呈阵列条形分布。整个村庄建筑形式杂乱，以火柴盒为主，楼房多为砖混结构，2 至 3 层，门窗大都为不锈钢，门前多为水泥地，部分作为菜地，没有乡村特色。但是，辉山村较为珍贵之处在于，大约有 40 栋保存完好的 20 世纪六七十年代的传统三合院房。

全域旅游首先启动"英雄筑梦·美丽辉山"项目，作为美丽乡村规划与建设示范项目，旨在将辉山村打造成以红色旅游、文化旅游为核心的皖北村落。为了确保村民安全并营造一个"世外桃源"，将从村中穿过的县道改成从村南边走外环线绕过村庄，原道路改成步行街，打造院落景观，回归慢生活；将纪念革命先烈的烈士陵园建筑恢复为传统建筑三牌坊；改建辉山烈士小学，形成一核、一街、两环的规划格局。

在"英雄筑梦·美丽辉山"项目中，新建游客中心、筑梦社区、辉山小院等区域，增建荷花塘与经果林景观，同时提升、优化村内道路，营造真正的皖北乡村，成为未来村民与游人的主要活动场所。未来，将采石塌陷区打造成一个雕塑公园，与纪念塔、农田融为一体，堪称一个极具视觉冲击力的乡建作品。

项目的建设重点：一是将皖北的院落气质与施工材料相结合，营造北方民居的生活氛围；二是加快乡村振兴的步伐，实现"产业兴旺、生态宜居、乡风文明、治理有效、生活富裕"的目标；三是引导企业与农民共建共同富裕的产业模式，实现产业兴旺、共同富裕。

鸟瞰图

效果图

3.2　设计特色

3.2.1　陪伴式的系统乡建

与其他农道设计团队一样，"安徽农道"的设计团队一走进辉山村，便提供陪伴式服务，让村民感受到团队成员的真诚和决心。规划设计不是"一锤子买卖"，而是一个长期的过程，规划设计者是规划主体的长期陪伴者。

刚开始，村民比较排斥。在第一次辉山村宣讲大会上，村民议论纷纷，指指点点，还没讲完，很多人就走了。后来，设计团队挨家挨户进行房屋测量，有些村民大声呵斥，但大多数很热情，于是设计师就与他们聊天，拉家常，融入他们的生活，建立互信关系，寻求价值观的认同。此外，设计师与当地的干部探讨村民们的真正需求，以便有针对性地制订策略，实施切实可行的工作计划。设计团队熟悉辉山村的每一位村民、每一寸土地，这是提高工作效率的一个重要方法。

起初，村民关于示范户政策配套比例存在意见分歧，在政府与设计师耐心讲解后，积极性异常高涨，纷纷报名参加示范户改造。

与此同时，设计团队发现辉山村垃圾成堆，随处堆放。于是，召开资源分类宣讲会，告诉村民如何进行垃圾分类，倡导拒绝使用一次性餐具，少用其他一次性用品。如今，辉山村变得干净又美丽，村民的脸上洋溢着灿烂的笑容。

3.2.2　乡建施工

乡建施工是在保护传统村落建筑形态基础上，进行乡土建筑营造和乡村生态环境修复。乡建工程施工具有地域性、生态性、乡土性等特点，对施工工艺有特殊要求，必须通过各种乡土元素的提炼和村落场景的营造，增强建筑和空间的独特性和可识别性。在乡土建筑营造和环境修复过程中使用当地的传统构筑材料和建造技术，尊重传统文化和乡土知识，吸取当地的传统建造经验，表现出因地制宜的特色，使修复后的建筑与当地的自然环境景观协调。乡建工程施工与设计必须紧密配合，设计指导施工，施工实现设计，只有这样相互依存的配合才能创造出优秀的乡建作品。

3.3　村庄风貌营造原则

3.3.1　修复区

建筑形式与平面格局尽量保持原有的历史风貌，最大限度地体现村落的历史文脉。

对保存尚好、局部毁坏的传统建筑进行保护，修旧如旧。

将与传统风貌不协调的建筑进行整改，统一风貌。

拆除与传统风貌极不协调的建筑，去伪存真。

3.3.2　整治区

整治区内建筑及道路、景观与传统保护区内的建筑相协调。

对整体风貌不协调的建筑进行整改，求同存异。

拆除违章建筑，提高土地利用率。

3.3.3　新建区

与传统风貌相协调，新旧有别。

施工现场

3.4 区域与空间

　　项目规划设计范围包括辉山中心村、辉山忠烈小学、幼儿园、辉山烈士陵园、县道 X016 等范围，规划用地面积共计 44.69 公顷。

村庄规划总平面图

村庄规划总平面图图例：
1 村标（主入口）
2 荷塘月色
3 新建安置区
4 牌坊
5 游客服务中心
6 沿街商业
7 曹市学区中心学校
8 烈士陵园景区
9 金果林
10 垂钓园停车场

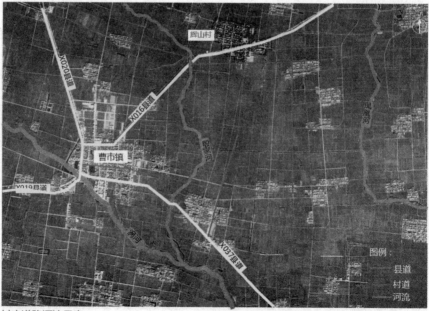

村庄道路河流示意

3.4.1 内围线路的设定

入口（村标）→辉山村游客服务中心（牌坊）→筑梦社区→筑梦路→井亭→村内振兴街→红色记忆→辉山烈士陵园→忠烈祠→辉山忠烈小学→幼儿园→拴马林→辉山小院→侯氏家谱→老书记茶馆→战备医院→苦水井→甜水井→振兴街与筑梦路十字路口→辉山村游客服务中心。

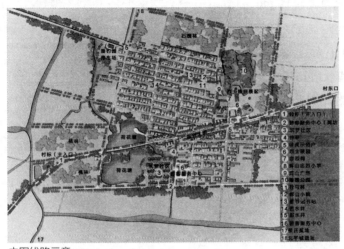

内围线路示意

3.4.2 外围线路的设定

入口（村标）→辉山村游客服务中心→筑梦社区→振兴街→红色记忆→辉山烈士陵园→雕塑公园→梨园→石榴园→垂钓区→北平城遗址→桃园→军民荷塘→侯氏孤堆→田间小径→辉山村游客服务中心。

外围线路示意

旅游路线分析

曹市镇辉山村位于涡阳、蒙城、濉溪三县交界处，距离京沪铁路宿州站51千米，西南方向距离阜阳机场120千米，西距京九铁路亳州站90千米，北距濉阜铁路青疃站10千米，涡宿公路横穿境内。

A 涡阳东收费站（S23砀祁高速）
B 涡阳北收费站（S23砀祁高速）
★ 曹市镇辉山村

旅游线路分析

旅游精品路线

自驾路线：

由东向西从砀祁高速涡阳东收费站下高速进入省道S307，途经岳坊镇、小涧镇，进入县道X020行驶12.9千米，抵达曹市镇进入县道X019行驶，到达辉山村。

从宁洛高速进入省道307，途径蒙城县，进入县道X005行驶20.2千米，进入省道5203行驶，然后抵达辉山村。

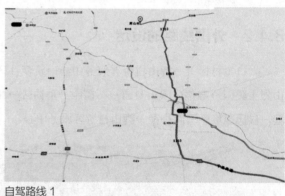

自驾路线 1

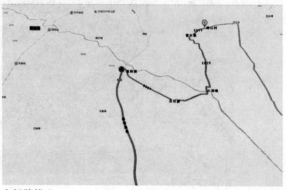

自驾路线 2

由东向西从砀祁高速涡阳东收费站下高速左转进入省道 S307，途经高炉镇大转盘右转进入县道 X021，经林场镇，然后抵达曹市镇，进入县道 X019 行驶，到达辉山村。

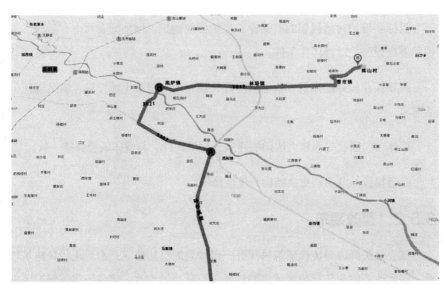

自驾路线 3

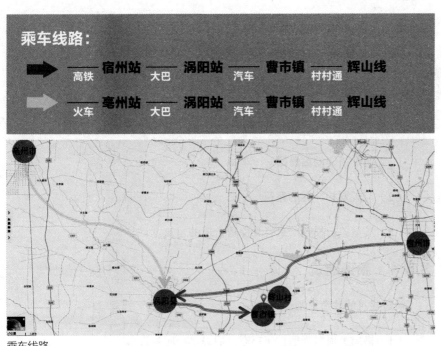

乘车线路

3.5 建筑意向与细部处理

3.5.1 修复建筑

目标：维护村落风貌的整体性，保护传统建筑，增加配套水电、消防、卫生等基础设施，改善居住条件。

风貌保存较好的建筑：依原貌维修外观，内部增加生活设施，满足现代生活需求。

墙体、门窗、屋面较大改动的建筑：整修构件，与整体风貌保持一致。

已遭损毁的危房：更换结构，进行修缮。

3.5.2 整改建筑

核心保护圈内与传统建筑风貌有一定冲突的民居建筑：由于距传统建筑较近，因此改造时应依据传统建筑的特征进行适当的整改，使传统建筑保护区内的整体风貌协调一致。

整治区内新建的民居建筑：形式、材料、色彩等不具地域特色，但建造时间不长，质量较好，对外观加以整修改造，与整体风貌相协调。

3.5.3 拆除建筑

拆除严重影响村落风貌的建筑：

（1）胡乱搭建的简易棚。

（2）与规划相冲突的建筑。

（3）质量差、损毁严重且无保留价值的建筑。

3.5.4 新建建筑

新建建筑的建造原则：

（1）格局上借鉴当地村庄形态，切忌单一序列排布。

（2）风格上与原村落相协调，推广使用泥土、砖、石、木材等绿色节能建材，门窗使用塑钢中空玻璃。

（3）绿植上采用当地树种及花卉，根据乡村的自然田园风格进行色彩搭配，高低错落、疏密协调、兼顾采光，避免树木膨大而对建筑造成损害。

（4）地面采用大块毛石和碎石铺设。

项目方通过设计前期对同类项目如三瓜公社、郝堂村等乡建"明星村"的考察，做了如下总结：

乡村建设主要对乡村既有建筑室内外以及庭院进行修复整治，在营造过程中使用皖北当地的传统构筑材料，运用建造技术，提炼并合理运用乡土元素，尊重传统文化和乡土知识，汲取当地建造经验，因地制宜，使修复后的建筑与当地的自然环境景观相协调。

乡村生态环境修复主要对乡村池塘、河流、村民聚集活动区等公共区域进行整治，在修复过程中就地取材，使用当地乡土材料，尽量避免因生产、加工、运输材料而消耗能源，保留当地文化特色，选择乡土植物，尽量不破坏周围植被，保持原有的自然风貌和自然特色。

乡村建设工艺案例一：夯土墙

夯土墙是过去乡村民居建筑的一个重要组成部分，以木板作模，内填黏土或灰石，层层用杵夯实修筑。土墙夯筑的传统营造技艺看似简单，实则需要很高的技术水平和丰富的经验。墙土宜用三合土，菜园土、含沙质的泥土和田土

夯土墙意向图

混合起来最佳。墙土需控制好干湿度，用手抓捏不结团、抓一把扔地上散开的为最佳。土倒入墙板后不可乱踩，否则筑不实。开始筑时，先用墙槌尖的一头来筑，到一定程度后，换用墙槌大且平的一头来筑。先筑中部，后筑靠近墙板边缘的部位。每一板墙，土要分层来筑，一板平均需要筑4层墙土，每板墙的衔接处必须错开，上下两板墙不可接缝相对，否则衔接不牢。土墙夯筑完成后，及时将墙楸抽出后留下的小孔洞堵住，以防老鼠钻进做窝而损坏墙体，并且用墙搭拍打上下两板土墙的接缝处，使墙体既结实又美观。

乡村建设工艺案例二：乡土造型墙

在营造过程中，使用手工青砖、土砖坯、旧瓦片、老木料等当地的传统材料，采用手工砖雕、土坯墙、清水马头墙、木构件卯榫连接等传统工艺技法，营造极具乡土气息的建筑形态，紧密结合涡阳历史民居的风格特征，体现涡阳的历史和传承。

乡土造型墙意向图

乡村生态环境修复案例三：乡村生态污水处理池

建造乡村生态污水处理池，栽种当地乡土植物，营造自然的沼泽地，基于自然生态原理，将污水有序地排放至生长着芦苇、香蒲等沼泽生植物的土地上，利用植物根系的吸收和微生物的作用，经多层过滤，达到减少污染、净化水质的目的。

乡村生态污水处理池意向图（拍自关庙山村）

乡村生态污水处理池意向图（拍自郝堂村）

　　乡村建设和乡村生态环境修复工程施工具有地域性、生态性、乡土性等特点，应当采用特殊工艺，通过各种乡土元素的提炼和现场场景的营造，增强建筑和空间的独特性和可识别性。

3.6 新式民房建筑式样

旧式民房 1

旧式民房 2

过去，辉山村村民盖房多为火柴盒式框架房，2层或3层，以砖混为主，设施简陋。前面有院子，后面是小路，门为防盗门，窗子有塑钢窗、铝合金窗、不锈钢窗等，厨房、厕所在房子外面。农具堆放在院子里，有些村民家里安装太阳能热水器。地面为硬化水泥路，整个村庄没有停车场。

新式民房 1

新式民房的规划体现设计美学，致力于把农村建设得更像农村。以传统三合院形式为主，中间有正房，两边有偏房，将过去的平顶改为坡屋顶，脊背、中脊、飞檐均恢复皖北建筑特色。另外，在硬山墙上做砖雕，前面做雨挂板、筒瓦、小瓦。楼顶采用花墙的做法，如果条件允许可以做阁楼、玻璃房、花园等。建筑外立面做雨棚，一方面使建筑更具美感，另一方面防止水溅入屋内。正房前面做连廊，丰富使用功能。院子以青砖、红砖铺地，打造花池等景观小品。户外围墙的高度不超过 1.4 米，更具乡村特色。

新式民房 2

房屋内部以舒适为原则，打造木门和木楼梯，营造乡村气息。窗户做大，若高度较高则适当降低，将铝合金的窗户换为花格窗，中空玻璃，保证空间温度及湿度。厕所里，以水冲式马桶代替旱厕。厨房里，用砖砌灶台。地面铺旧砖或瓷砖。

3.6.1 示范户候传武住宅效果图

示范户候传武住宅效果图

3.6.2 示范户候长军住宅效果图

示范户候长军住宅效果图

示范户候长军住宅效果图

3.6.3 沿街立面效果图

沿街立面效果图

3.7 乡村公共建筑

改造前，辉山村配套设施简陋，不具备接待能力。大队部是一个简陋的门面房，里面有大队部服务站，楼上有会议室。水厂没有全部做好。学校比较简陋，是一个长条式的盒子建筑，没有功能分区，活动区域较少，大门高大，与周边环境不协调。烈士陵园有个破旧的大门，里面有座塔，周边围墙已残损。周边塘坝景观很壮观。

辉山忠烈小学

改建校园时，首先建钟，培养老师和学生的时间观念。然后，设计团队将平顶改成坡屋顶，恢复北方砖柱结构，一个教室、一个开间，做好绿化，做好功能布局，为学生打造看书、乘凉、休息的地方。另外，辉山村是红色村落，为了弘扬爱国精神，缅怀革命先烈，设计团队将彭雪枫雕像移至学校内部。总之，规划设计综合考虑功能、美化、建筑、绿化等方面，力求实现布局的科学性、使用的方便性、功能的完善性，以及外观的美观性。

辉山烈士陵园

　　重建烈士陵园时，设计师采访当地老人，找到1946年的老照片，照此恢复烈士陵园牌坊大门，力求使烈士陵园重现原貌。牌坊有三扇门，中间是圆拱正门，比较大，两边是侧门，比较小。两边有碑文，顶上有4个圆形葫芦塔，中间是五角星，通过圆洞，可以看到里面的纪念塔，体现出设计师的独具匠心。拆除烈士陵园门前两侧的门面房，使视野更加开阔。因为来辉山村纪念烈士的人很多，所以设计了停车场；在通往烈士陵园的路边打造一个广场，供周边村民休息、聚会。最值得一提的是，这里有一尊"小战士吹号角"的铜雕，寓意"乡村振兴的号角正在吹响"，同时纪念革命先烈们的奋斗历史。

3.7.1 学校

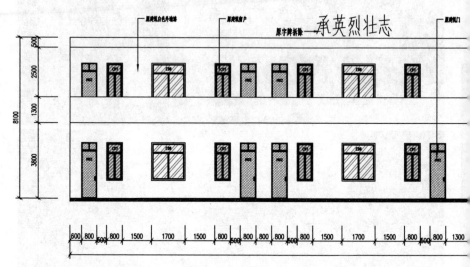

小学北教学楼正立面原始图

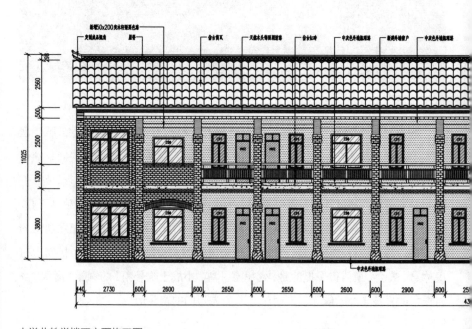

小学北教学楼正立面施工图

注：本书图纸中除注明外，均以毫米（mm）为单位。

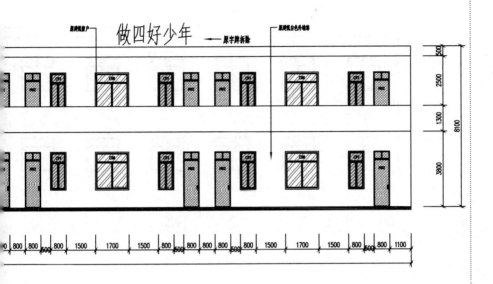

做四好少年

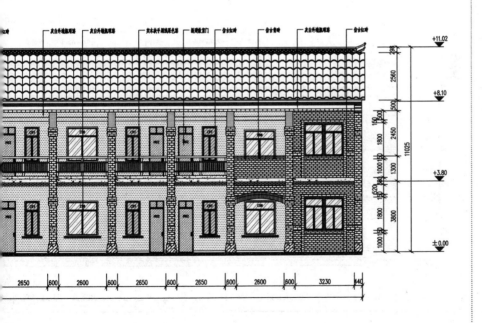

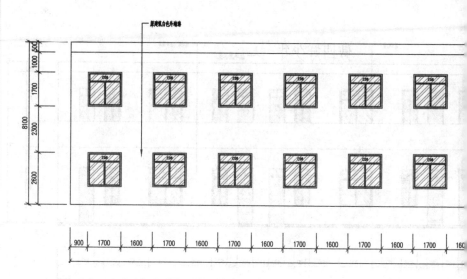

小学北教学楼背立面原始图

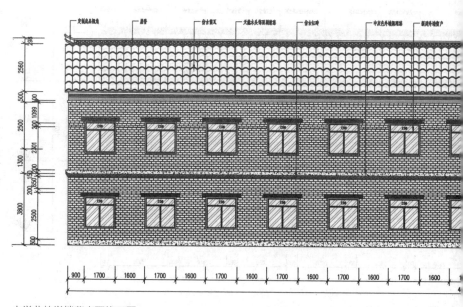

小学北教学楼背立面施工图

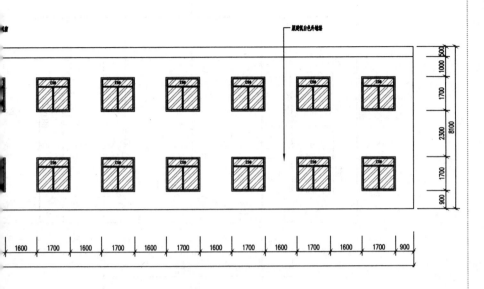

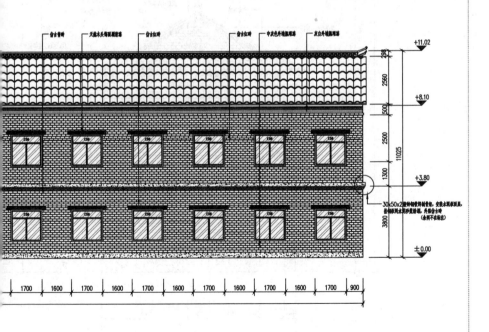

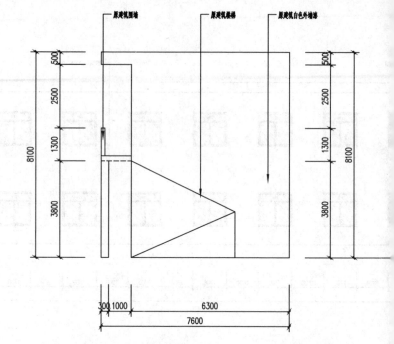

小学北教学楼侧立面原始图

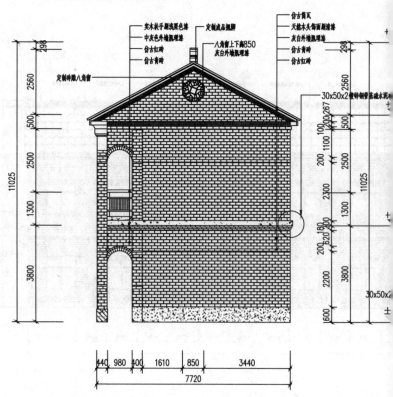

小学北教学楼侧立面施工图

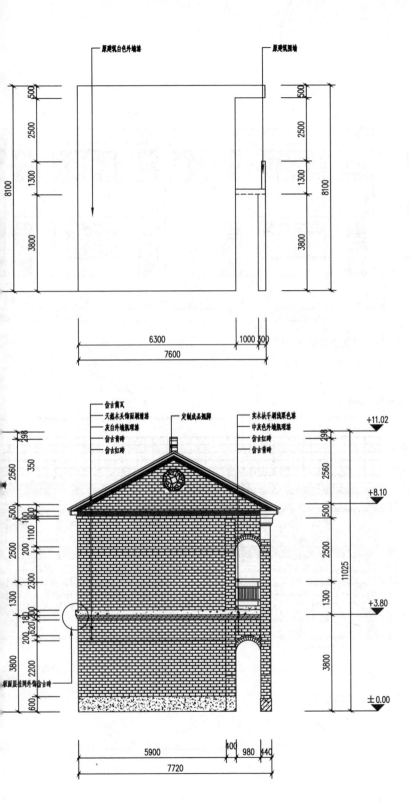

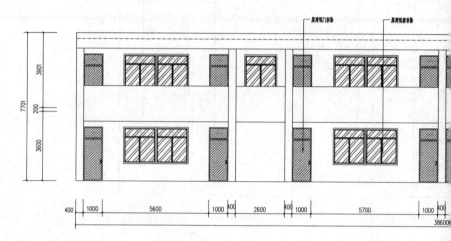

小学西教学楼正立面原始图

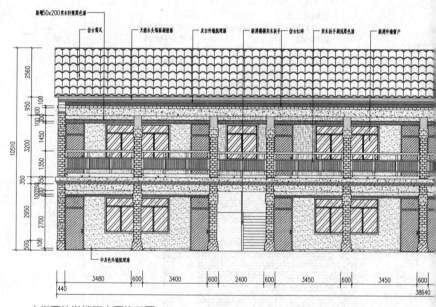

小学西教学楼正立面施工图

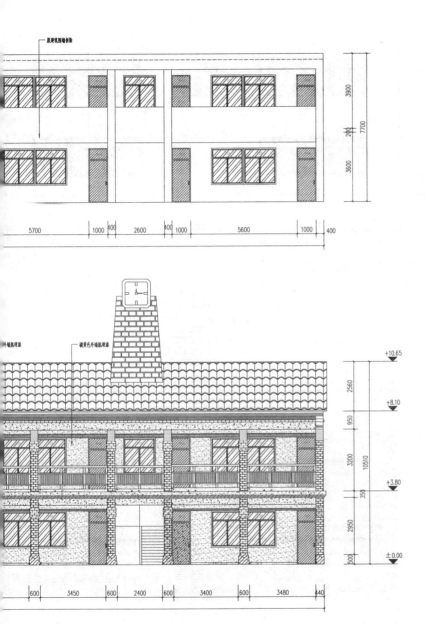

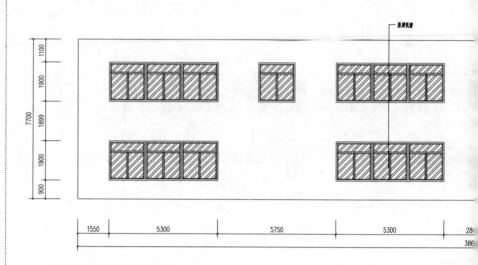

小学西教学楼背立面原始图

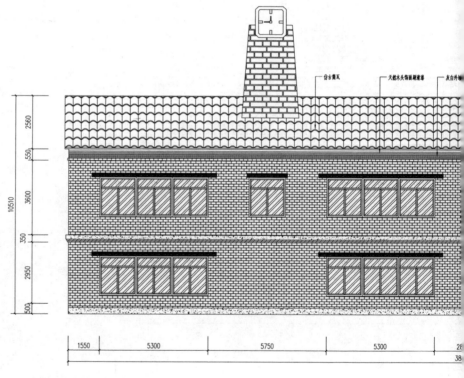

小学西教学楼背立面施工图

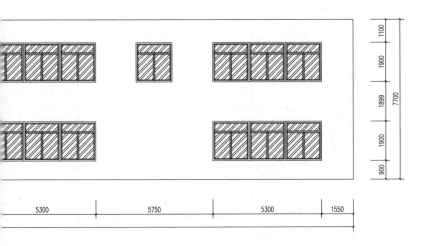

天然木头饰面刷清漆　仿古红砖　仿古青砖　新建外墙窗户　仿古青砖　仿古红砖

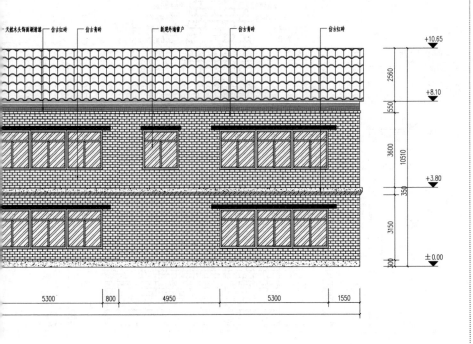

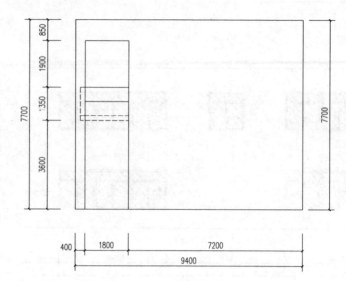

小学西教学楼侧立面原始图

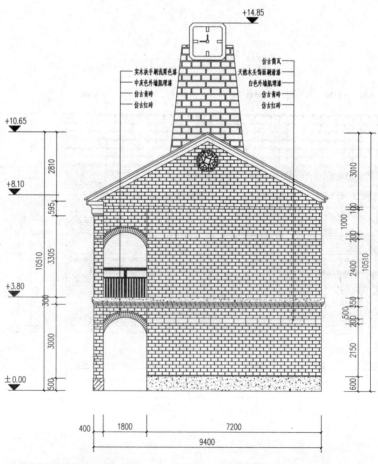

小学西教学楼侧立面施工图

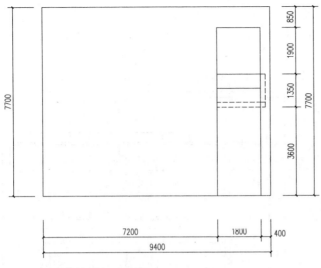

小学西教学楼侧立面原始图

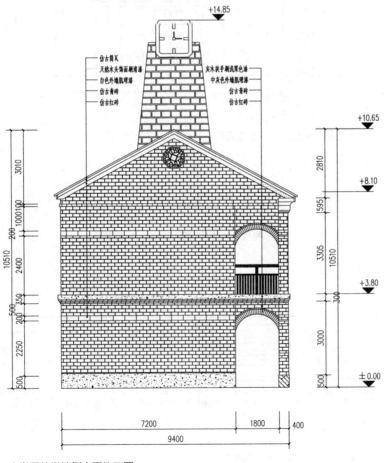

+14.85

仿古筒瓦
天然木头饰面刷清漆
白色外墙肌理漆
仿古青砖
仿古红砖

实木扶手刷浅聚色漆
中灰色外墙肌理漆
仿古青砖
仿古红砖

+10.65

+8.10

+3.80

±0.00

小学西教学楼侧立面施工图

3.7.2 南厢房

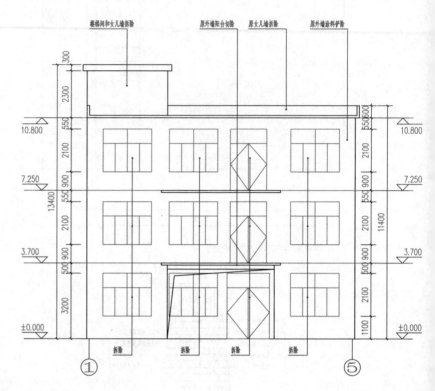

主房改造前①—⑤立面图

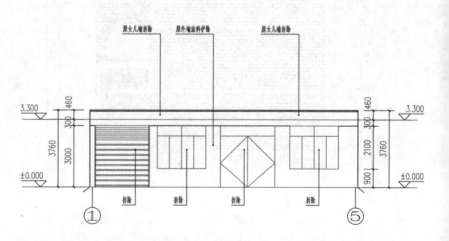

南厢房改造前①—⑤立面图

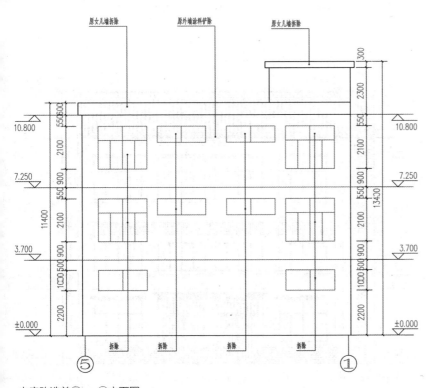

主房改造前⑤—①立面图

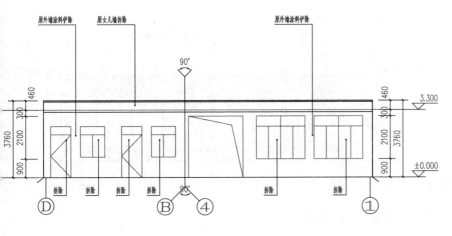

南厢房改造前Ⓓ—①立面图

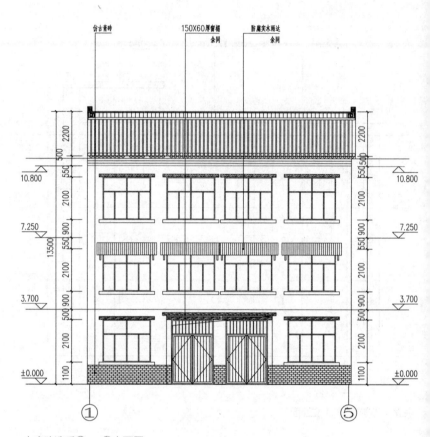

主房改造后①—⑤立面图

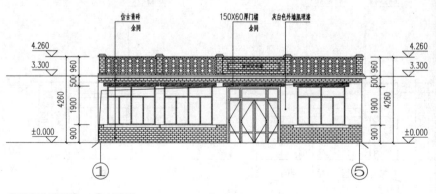

南厢房改造后①—⑤立面图

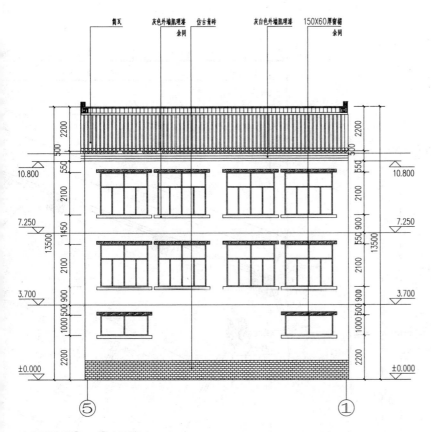

主房改造后⑤—①立面图

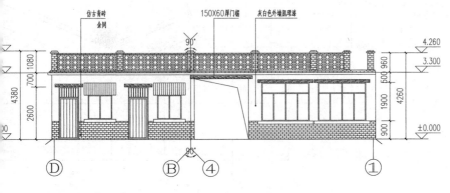

南厢房改造后①—①立面图

3.7.3　博物馆

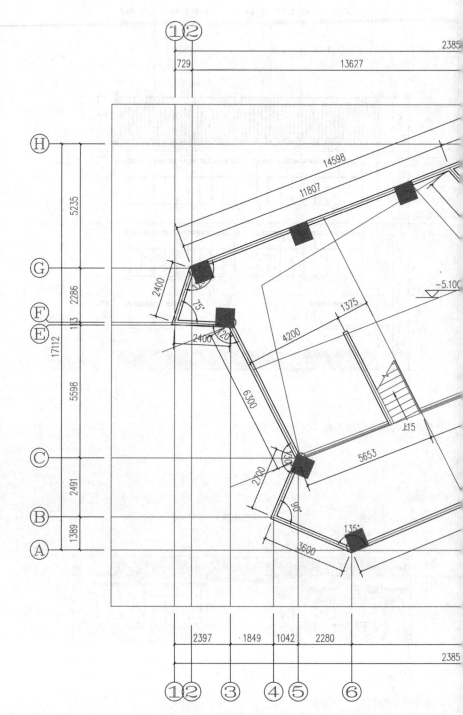

负2.4米夹层平面图（ S =106.9平方米）

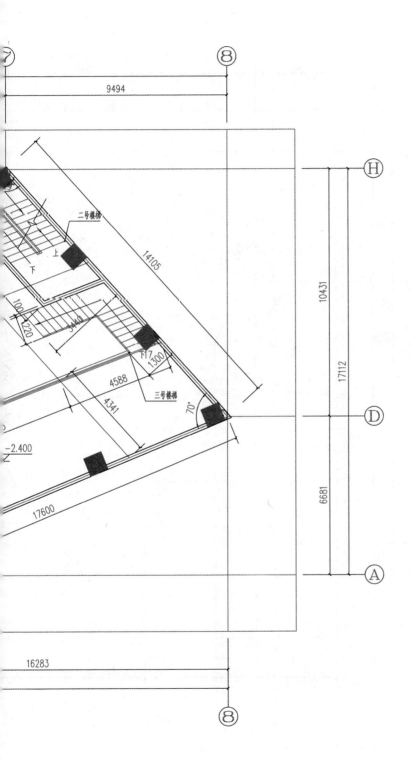

9494

8

14105

二号楼梯

上

下

220

3440

1300

4588

三号楼梯

4341

70°

-2.400

17600

16283

8

H

10431

17112

6681

D

A

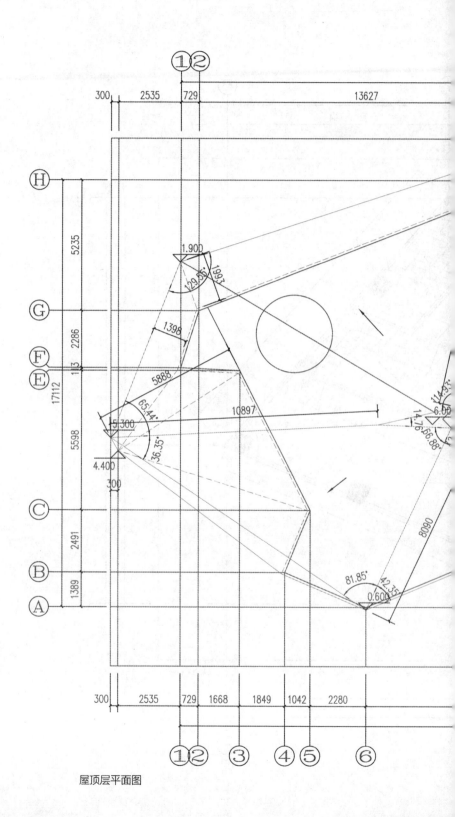

屋顶层平面图

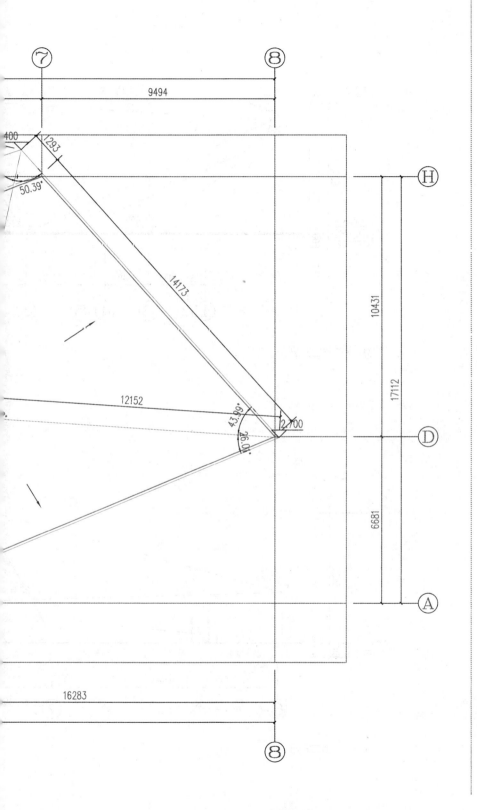

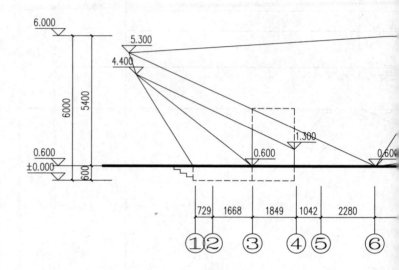

①—⑧轴立面图

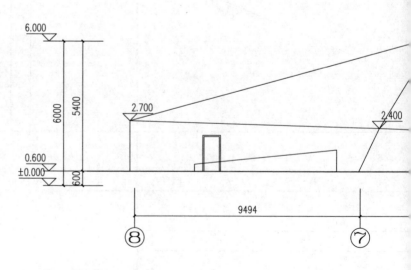

⑧—①轴立面图

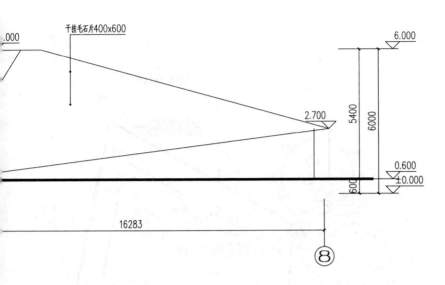

干挂毛石片400x600

6.000

5400

6000

2.700

600

0.600

±0.000

16283

⑧

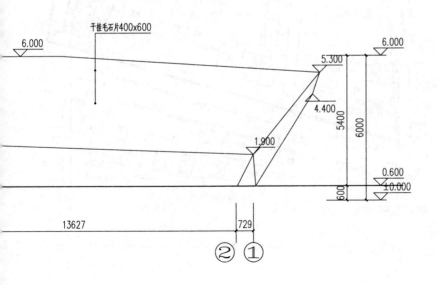

干挂毛石片400x600

6.000

6.000

5.300

4.400

5400

6000

1.900

0.600

±0.000

600

13627

729

②①

3.7.4 烈士陵园景区

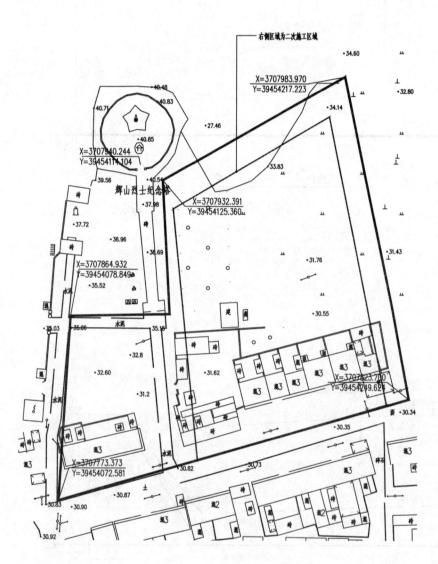

右侧区域为二次施工区域

X=3707983.970
Y=39454217.223

X=3707940.244
Y=39454111.104

辉山烈士纪念塔

X=3707932.391
Y=39454125.360

X=3707864.932
Y=39454078.849

X=3707825.700
Y=39454249.621

X=3707773.373
Y=39454072.581

园区现状平面图

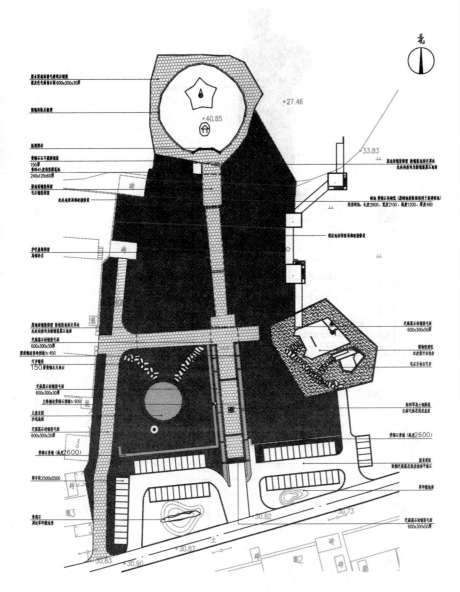

北

总平面铺装及索引图

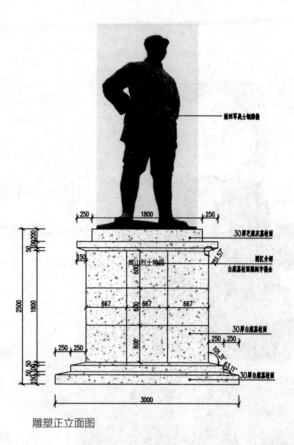

新四军战士铜塑像

30厚芝麻灰基板面

辉山烈士陵园

园区介绍
白底基板面雕刻字镶金

30厚白底基板面

30厚白底基板面

雕塑正立面图

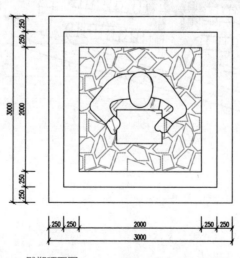

雕塑顶面图

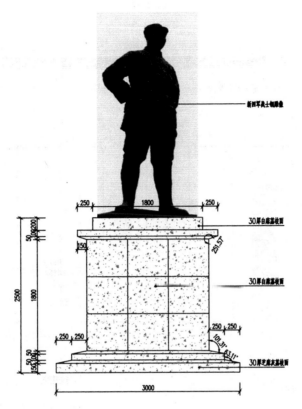

新四军烈士铜雕像

30厚白麻基枝面

30厚白麻基枝面

30厚芝麻灰基枝面

雕塑侧立面图

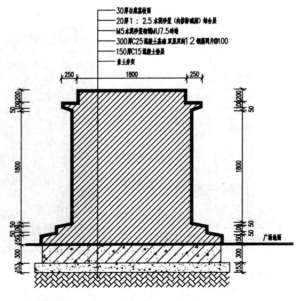

30厚白麻基枝面
20厚1：2.5水泥砂浆（内掺防碱剂）结合层
M5水泥砂浆砌筑MU7.5砖墙
300厚C25混凝土基础 双层双向φ12钢筋网片@100
150厚C15混凝土垫层
素土夯实

广场地面

雕塑基座剖面图

一级标志牌平面图

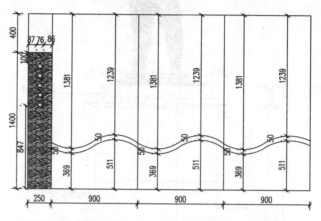

一级标志牌立面图

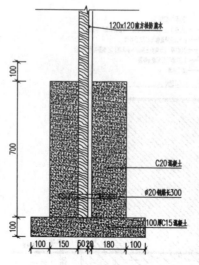

一级标志柱子基础详图

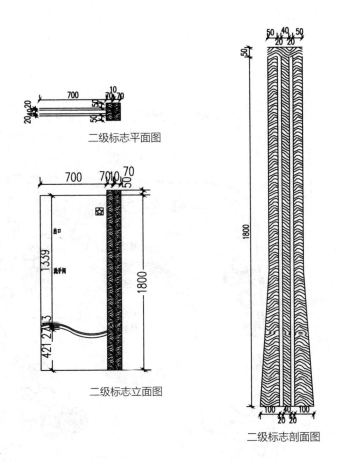

二级标志平面图

二级标志立面图

二级标志剖面图

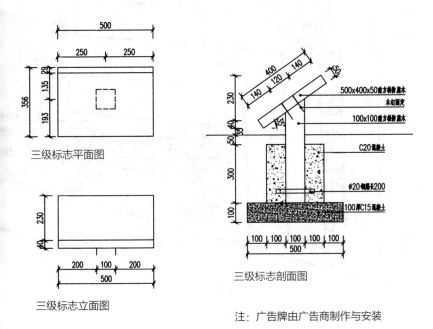

三级标志平面图

三级标志立面图

500x400x50南方杉防腐木
木钉固定
100x100南方杉防腐木

C20混凝土

φ20钢筋长200

100厚C15混凝土

三级标志剖面图

注：广告牌由广告商制作与安装

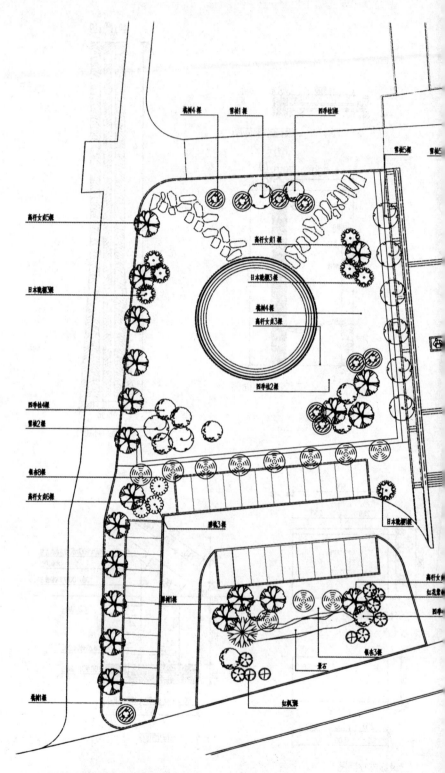

辉山烈士陵园乔、灌木种植平面图

榆树3棵

红花景巷3棵

四季桂6棵

四季桂2棵

雪松1棵

红花景巷5棵

银杏7棵

雪松2棵

高杆女贞3棵

日本晚樱1棵

高杆女贞3棵

四季桂3棵

彩梅6棵

红花景巷4棵

雪松3棵

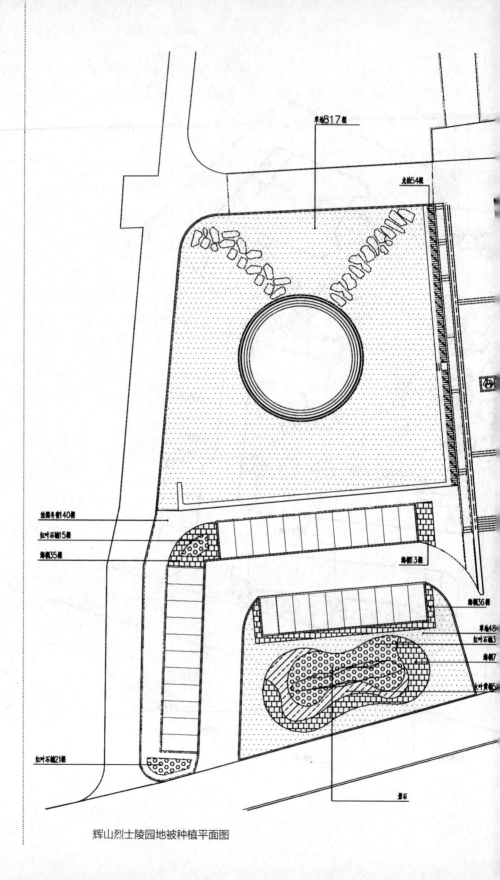

草坪817棵

龙柏54棵

法国冬青140棵
红叶石楠15棵
海桐35棵

海桐3棵

海桐36棵

草坪48棵
红叶石楠3
海桐7

大叶黄杨6

红叶石楠21棵

景石

辉山烈士陵园地被种植平面图

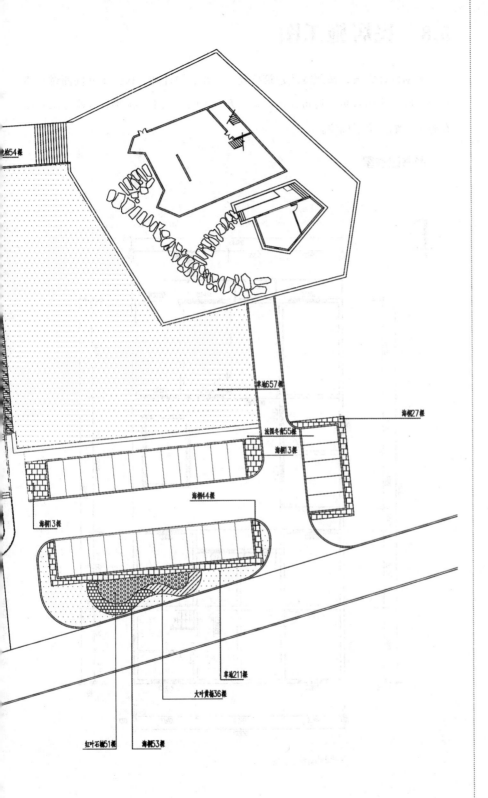

瓜子黄杨54棵

草坪657棵

海桐27棵

法国冬青55棵

海桐13棵

海桐44棵

海桐13棵

草坪211棵

大叶黄杨36棵

红叶石楠51棵   海桐53棵

3.8 民居施工图

　　根据设计方案，按照皖北建筑格局，工匠、设计师、村民等共同商讨具体细节，施工班组长负责造价评估。施工方式说明、柱子、横梁、牌匾等尺寸均在施工图纸上予以标注。

老书记书屋

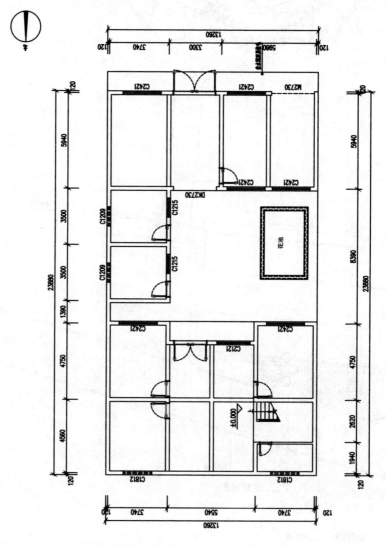

一层原始尺寸图

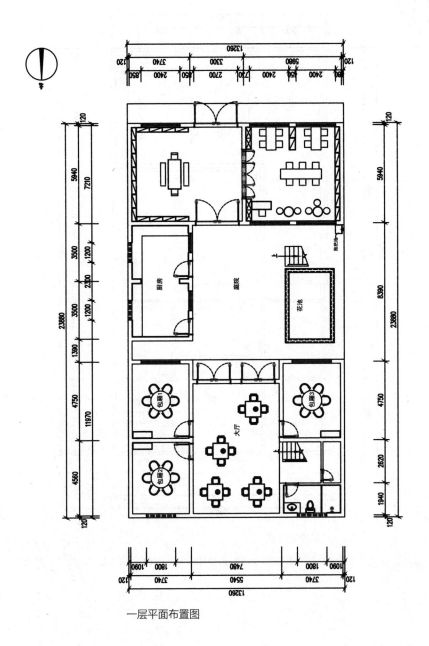

一层平面布置图

81

二层原始尺寸图

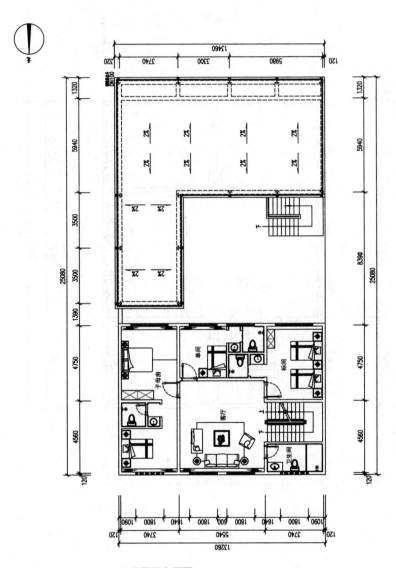

二层平面布置图

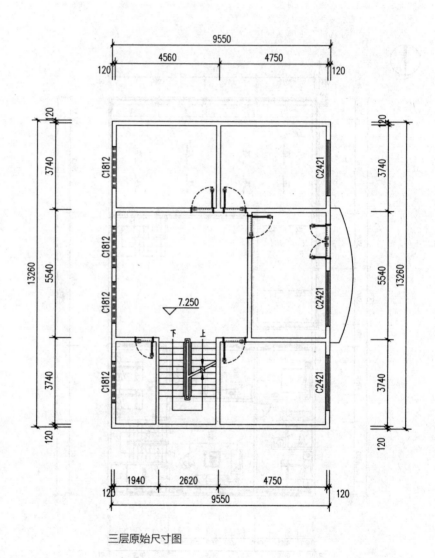

三层原始尺寸图

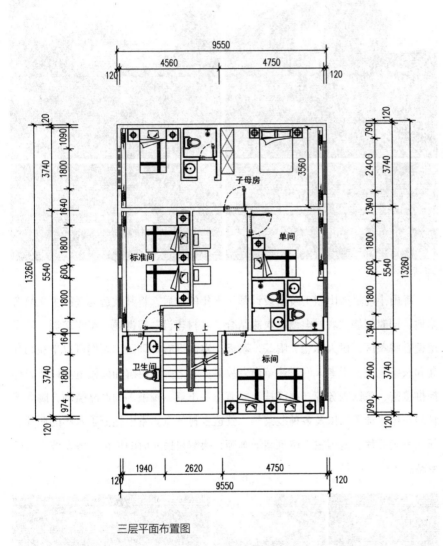

子母房
标准间
单间
标间
卫生间
下　上

三层平面布置图

3.9 旧房改造

依据房屋原有形态，使用当地石材，恢复三合院式建筑，利用旧物将其改造为新家具，"修新如旧"，使村了再活50年甚至100年。

旧民居改造

辉山小院是辉山烈士陵园设计师丁永年的故居，将其改造为爱国主义教育基地，同时围绕"农村电商、农旅结合、乡村建设"等课题，组织培训。院子里设有喝茶区，供人休憩、喝茶、聊天。室内设有培训区，人们可以坐在马扎凳和长条凳上，听老人们讲述革命老故事，听老师们讲解如何做电商以及怎样提供接待、餐饮服务等。墙面挂上胡萝卜、土豆、辣椒等农产品装饰，院内栽种桂花树、柿子树以及各种蔬菜等，营造乡村气息。室内挂上丁永年的照片、新四军老照片、爱国主义情景装饰画等，唤醒村民儿时的记忆，触发城市人的乡愁。

辉山小院实景

辉山小院效果图

3.10 产业 IP

3.10.1 产业发展目标

（1）让年轻人回得来、待得住、发展得好。

年轻人有活干、有钱赚，便能在乡村待得住，既有事业又能顾家。年轻人的事业蓬勃发展，农村经济才能充满活力，农村才有希望。

（2）以现有烈士陵园的红色旅游为依托，发展特色旅游，带动第三产业的发展。

3.10.2 产业发展理念

创新——互联网、电商。

协调——建筑与建筑、人与人、人与自然。

绿色——垃圾处理、污水排放、绿色材料。

开放——旅游、产品。

共享——文化、资源。

3.10.3 产业发展方向

从皖北吃住行方面的特点入手，加以改进，把乡村产业发展得更具乡土特色，将产业与旅游、文化相结合，打造极具地域特色的辉山村。

3.10.4 产业布局

（1）发展以红色旅游、文化旅游为核心的皖北特色旅游经济，带动乡村服务业发展。

（2）开发并经营儿童乐园体验项目。

（3）恢复大圣寺烧香礼佛的传统习俗。

（4）开发并经营经果林园踏青、摄影等体验项目（据考察，辉山可种植梨树、桃树和石榴等）。

（5）开发并经营经果林园采摘、亲子田间耕作等体验项目。

（6）开发并经营河塘摄影采风、垂钓体验项目。

（7）改造升级现有农家乐等商业业态，建设民宿（旅游配套）、茶馆（咖啡馆）等。

（8）整合集贸市场资源，建设特色集贸步行街区。

3.10.5　村社营造

辉山村是辉山村村民共同拥有的乡村。近年来，政府对于村级机构的管理和经营面临一些实际问题，不仅在辉山村，全国各地的乡村都遇到这样的问题。人口老龄化、空心村等带来的冲击对乡村几乎是致命的。如何发展乡村经济，这是全国上下都在思考和努力的大事。

现在的乡村，村民比较分散，而辉山村又面临村支两委无法有效开展工作的局面。因此，政府的引导和支持极其重要。重拾孝道、重视新乡贤是工作的方向，最大限度地动员村民、使其积极参与是"安徽农道"工作的基础，探讨土地、宅基地、财产和林地等实现在村集体内部的金融化，是推动经济流动和发展的基本手段。大量事实证明，土地确权、向金融机构贷款，在中国是行不通的。唯有在村社内部建立一套行之有效的信用体系、管理体系和经营体系，乡村金融、乡村经济才能真正盘活。因此，应采用"开放、共享"理念，推广政府引导下的村社互助发展模式。

1. 内置金融与社区综合发展

目标：制订创新的金融、土地、组织制度与社区发展计划，激发村内生产力，促进村社生产发展、生活富裕、生态文明。

种子基金由政府出资，出资方式为现金。政府出于扶持地方经济发展和扶贫等义务，只负责出资，不参与管理，不因基金的增值而得到回报。若干年内，政府部分约60%留置在基金内，另外40%左右按照一定的比例划拨给村集体，一部分用于帮扶村特困户、建造养老院等公益事业。

村民的土地、宅基地、林地等可作为抵押物，向村社中心贷款。村社中心必须建立完善的财务制度、严格的信用审核制度和风险控制制度等，以确保金融功能的良性发展。

购销中心负责对村社的原材料进行集中采购，并对农产品进行集中营销。如此，村民只需种好自己的土地。为了保证产品的安全可靠，设置产品追溯制度，即村民向销售公司提供的产品可"追根溯源"。

为了支持村集体经济的发展，涡阳县、曹市镇、辉山村在初始阶段以项目建设的形式注入一定的资金，县、镇的资金每年以申报项目的形式义务扶持。

2. 养生养老村建设及居家养老服务

目标：建设生态养老村，将城市老人的财产优势转变为在农村养老的消费优势，将村民的土地、物产、生态、劳动力等优势转变为服务养老的养老产业优势，推动农村产业服务业化的实现。与此同时，通过村庄居家养老服务中心和服务体系建设，为留守老人提供可持续的居家养老服务。

3. 乡村规划设计

为乡村（镇）提供以三生（生产发展、生活富裕、生态改善）共赢为前提的多规合一规划、特色民居设计、文化修复、经营乡村等系统性可操作方案，并确保落地实施。

4. 兴建骨干培训

以河南省信阳市郝堂村等项目为基地，培训一批能够熟练运用社区工作方法、群众路线工作方法、参与式工作方法的县乡村干部和乡建志愿者、协作者，促进农村综合发展与有效治理。

5. 乡村可持续生态建设

在乡村（镇）的规划设计及建设过程中，引入有效的环保技术和方法，实现垃圾不落地、污水不出村，营造可持续发展的宜居环境。

6. 建立合作社

以村为单位，在自愿加入的前提下，村民和村集体以现金、土地、山场、房屋等资产入股，建立一个多功能、复合型、双轨分配的自主经营、民主管理、风险公担、利益共享的合作互惠性农民生产经营联合体组织。合作社的建立，有利于壮大村集体经济，有利于修复村级自我发展的再生系统，完成系统造血功能，有利于乡村可持续发展。

3.10.6 荷花塘产业分析

荷花(中国十大名花之一),多年生草本水生花卉,夏景为主,叶片盾状圆形,叶柄圆柱形,花单生于花梗顶端、高托水面之上,晨开暮闭,花托表面具有多数散生蜂窝状孔洞,受精后逐渐膨大,称为莲蓬。几千年来,文人墨客们描绘荷花之美的诗句数不胜数,"出淤泥而不染""冰清玉洁""水中仙子""花中君子"淋漓尽致地描绘了荷花高尚之美。荷花的生命力极强,无论池塘栽植还是盆碗种养,只要借水而生都可生存下来,且花繁叶茂,种植、管理简便。[1]

荷花产业是个开放性产业。在历经种苗经济、庄园经济、专类园经济、会展经济几个阶段的发展后,荷花产业已进入"荷花、水生植物、湿地"的综合配套运行时代。从宏观的角度及荷花企业发展现状来看,只有以丰富的荷花湿地生态资源为基础,以深厚的荷花文化和地域文化为灵魂,以发达的旅游产业为引擎,才能在"异地集群"中寻求新的发展。目前,辉山村荷花塘约8公顷,采用太空莲荷花种子。

荷花塘效果图

荷花塘意向图

---

1 李春枝,蒋炳伸,宋丽,田荣润,秦兰娟,任瑞雪.荷花在园林设计中的应用[J].中国园艺文摘,2011(07).

1. 经营模式

采用农村承包经营户承包模式。农村承包经营户,是指农村集体经济组织的成员,在法律允许的范围内按照承包合同规定从事商品经营。根据《民法总则》的规定,农村集体经济组织的成员,在法律允许的范围内,按照承包合同规定从事商品经营的为农村承包经营户。

一方面,农村承包经营户承包模式,既有利于农民转变传统经营理念,又使荷花塘承包户从种植荷花工序的细分中找到商机。

另一方面,率先实现农业现代化、统筹城乡经济发展、建设新农村。如果没有闲置土地的需求者和合理的流转机制,土地抛荒现象将越来越严重。因此,土地逐步向种养能人集中,已成为政府和相关部门的一种共识。

探索创新农作制度已作为新时期加快农业现代化进程的一项重要任务,如何发挥辉山村荷花产业在创新农作制度中的作用,关键要体现以经营荷花为主的特色和良好的经济效益。规模种植大户在创业阶段,迫切需要解决如银行贷款难等问题。若能在政策、资金上得到政府的重视和扶持,必将吸引更多的村民投资农业、经营农业。

2. 效益

1)经济效益

荷花产业是一个大产业,涉及蔬菜、中药材、花卉等市场,并能带动旅游、餐饮、住宿、养殖等相关产业的快速发展,经济效益十分可观。

2)社会效益

(1)打造荷花节,借助荷花文化的影响力,树立美丽和谐的乡村形象,引起更多人的关注。

(2)为村民提供更多的工作岗位,增加辉山村村民的就业机会。

(3)基础设施的健全与经济收入的增加,使群众的幸福指数显著提升,呈现积极和谐的精神风貌。

3)生态效益

荷花是一种净水植物,可一定程度地吸收、转化河流污染物,提高乡村水域的自净能力，保证水域生态系统的稳定性。

荷花用途广泛，适应性强，可供观赏；莲子是上等食品；荷叶是良好的绿色包装材料；荷花、荷叶、莲子等均可入药，有止血、降压、治血痢的功效。因此，荷花可以说"全身是宝"。在辉山村发展荷花产业，可以迅速带来经济、社会和生态效益，是农村脱贫致富的有效途径之一。

3.10.7 经果林产业分析

退耕还林工程是党中央、国务院站在国家和民族长远发展的高度，为合理利用土地资源、增加林草植被、再造秀美山川、维护国家生态安全、实现人与自然和谐共进而实施的一项重大战略生态工程，是着眼于经济、社会可持续发展的全局做出的重大战略决策。国家实施退耕还林、珠防工程、小流域治理等生态建设工程的重点区域，如何将突出的优势资源转换为经济优势、让农民在林业发展中真正得到实惠、促进农民持续增收，成为辉山村几届党政班子思考的重大课题。

经果林产业是一个生态型经济产业，不仅促进农业增产、农民增收，还能为农村增效、改善生态环境。经过调研，建议辉山村种植黄金梨(或者晚秋黄梨)、软籽石榴、黄桃，兼具观赏性和经济价值，由当地林业局最终决定。

1. 经营模式

采用农村承包经营户承包模式。

2. 效益

1) 黄金梨（晚秋黄梨）的效益

梨，即"百果之宗"。黄金梨是梨的一种，属沙梨系统，萌芽率高，成枝力强，腋花芽结实力强，新植树两年即可结果，早期丰产性强。黄金梨经套袋栽培后，果实呈金黄色，有透明的质感。因其鲜嫩多汁，酸甜适口，所以有"天然矿泉水"之称。晚秋黄梨是指秋天成熟的黄色的梨，是梨类品种中的一种。

我国是世界第一产梨大国，同时是梨的重要起源地之一，种植历史悠久，范围广阔，除海南省、港澳地区外其余各省均有种植。我国梨产量约占世界总产量的 2/3，出口量约占世界总出口量的 1/6，据专家预计，未来十年，国际市场梨贸易量最低将维持近年来 5% 的递增速度。

国内梨的需求增长速度比较快，2000 至 2017 年年均增速超过 4%。面对广阔的梨的需求市场，究竟该如何选择呢？北方市场的梨品种多为口感较好的早中熟梨，当年生产的直接供应市场是从 7 月底到 10 月底，其余时间多为储藏梨。具有地标性、口感丰富的黄金梨和晚秋黄梨为大众所喜爱。

梨树采用密植，亩栽树苗 350 棵，栽种当年即可开花结果，次年亩产即可达到 1000 千克。4 至 5 年进入盛果期后，一般亩产可达 5 吨以上，而且果树可产果 25 至 30 年。此外，经过培育的树苗耐旱耐涝，对土地要求不严格，沙土地、盐碱地、山区、丘陵等均适宜种植。同时，黄金梨、晚秋黄梨属自花授粉，极易坐果，没有大小年，不用进行特殊管理。果实可存放 8 个月以上而不变味、不变色，极利于长途运输和反季节销售。

黄金梨种植意向图

另外，梨含有蛋白质、脂肪、糖、粗纤维、钙、磷、铁等，以及多种维生素等，具有降低血压、养阴清热的功效，患高血压、心脏病、肝炎、肝硬化的病人，经常吃梨大有益处；梨能增进食欲，帮助消化，并有利尿通便和解热作用，可用于高热时补充水分和营养。在辉山村经果林种植梨树，可带来良好的经济效益和社会效益。[1]

2）软籽石榴的效益

石榴属石榴科，落叶灌木或小乔木，原产于伊朗和阿富汗等中亚地区。汉朝时传入我国，至今已有 2000 多年的栽培历史。最早在新疆叶城一带栽培，继而在陕西、河南、山东、安徽一带发展，后遍布我国亚热带及温带 20 多个省区。石榴果实含有丰富的碳水化合物、蛋白质、氨基酸、维生素以及人体所必需的微量元素，如钾、钙、镁、钠、铜、铁、锌等。维生素 C 的含量是苹果和梨的 1 至 2 倍，磷的含量达到 145 毫克 / 千克，在众多水果中十分突出。

软籽石榴种植意向图

---

1 全国梨重点区域发展规划 [EB]/[OL].https://zhidao.baidu.com/question/427637554.html.2018

石榴较高的营养价值、医用价值和保健功能，促进了石榴深加工产业的大力发展。石榴籽粒出汁率一般为 87%～91%，含糖量为 10.11%～12.49%，含酸量普通品种为 0.16%～0.40%，而酸石榴品种则为 2.14%～5.30%，维生素 C 含量为 11 毫克 /100 克以上，此外还含有磷、钙、铁等矿质元素。因此，石榴除鲜食外，可加工为高级清凉饮料及石榴酒等。石榴树皮、根皮、叶片和果皮含有丰富的单宁，摩洛哥人用其加工皮革制品。石榴皮或花可做成纺织品，石榴叶片在醋中浸泡可做成墨水，还可以加工成石榴茶。石榴原汁还可加工成低糖石榴酱。

中国科研人员对中国石榴资源进行调查、收集、分类等诸多研究工作，目前中国现有石榴品种资源 238 个，新选育品种 50 多个，从国外新引进品种 4 个。这些品种中软籽石榴品种相对偏少，而其中口感无渣、食用舒适、不硌牙的精品品种少之又少。中国石榴主产区主栽的石榴品种如大红甜、粉红甜、大红袍、天鹅蛋、铜皮、铁皮等，果个偏小、籽粒小、核硬、果外观不好、易裂果，没有特色、食用不便。在中国的石榴品种资源中，皮色红至深红的大果型品种且软籽性状较为突出的优良品种极少。因此，可在辉山村引入软籽石榴，提高经济效益。[1]

3）黄桃的效益

黄桃属于桃类的一种，隶属于蔷薇科，营养丰富，称为"果中之王"。涡阳县石弓镇种植大量黄桃，可借鉴其种植经验。

黄桃种植意向图

1 马寅斐，赵岩，朱风涛，初乐 . 石榴产业的现状及发展趋势 [J]. 中国果菜，2013(10):31-33

黄桃种植意向图

黄桃含有丰富的抗氧化剂、膳食纤维、铁、钙及多种微量元素，营养价值很高。经常吃黄桃能通便、降血糖、降血脂、去黑斑、抗自由基、提高免疫力、延缓衰老，还能促进食欲、保健养生。黄桃堪称"养生之桃"。市场上的黄桃主要有八三、金童、锦绣、罐五等品种。黄桃看着色泽饱满，闻着香气浓郁，果肉有优良的不溶质性状。多用于制作罐头、桃汁，优质黄桃还能制作速冻桃片、黄桃酸奶等。如今，随着科技发展，黄桃也用于医药领域。黄桃的应用广泛、市场广阔，发展黄桃产业，经济效益不言而喻。

3.10.8　中国乡村旅游创客示范基地

乡村旅游创客基地效果图

1. 基地概况

项目依托辉山烈士陵园，发展旅游业和服务业，激活乡村经济，改善农民生活条件，增加农民收入，立足村庄自然风光资源，营造休闲旅游服务型村庄。

辉山村乡村旅游创客示范基地为提高返乡农民工、电商、专业技术人员、大学生尤其是经济困难学生的创业能力，依托辉山村现有资源优势，搭建创业就业实践平台，力求将辉山村打造成集"创业就业知识教育、创业就业技能培训、

村庄规划总平面图

1　村标（主入口）
2　荷塘月色
3　新建安置区
4　牌坊
5　游客服务中心
6　沿街商业
7　曹市学区中心学校
8　烈士陵园景区
9　金果林
10　垂钓园停车场

创客基地位置示意

创业就业实践、创业项目研发、创业成果展示"于一体的国家级乡村旅游创客示范基地，让年轻人回来、让鸟儿回来、让民俗回来。

2. 项目地址及投资预算

创客基地拟选址在辉山烈士陵园景区内，具体位置规划为辉山村雕塑公园区域及周边儿童游乐园南侧两部分，其中雕塑公园区域面积约 3.7 万平方米，创客中心总建筑面积为 600 平方米。

创客基地拟投资 120 万元，主要由涡阳县扶贫专项资金、美丽乡村建设资金、文旅投项目资金和市帮扶单位扶持资金统筹安排，不足部分由曹市镇政府筹措解决。

项目建成运营后，可以申请创建省市创客空间、省级青年创业园、全国乡村旅游创客示范基地等各类创业示范基地。

3. 基地建设内容

根据乡村旅游现阶段需要及发展趋势，拟在基地内建设创客产品展示销售区、创意写生区、创客工位区、休闲交流区、会议培训区等，配备必要的办公桌椅、网络宽带、计算机等设施设备，为创客提供拎包入驻条件。

1）创客产品展示销售区

目标：通过产品展示、电商平台、实体销售"三位一体"，整合辉山村特色农副产品资源，对接前端生产和终端消费，形成线上线下结合和互动的展示、营销模式，推动辉山村特色产品走出辉山村、走向市场。

创客们全面对接京东、淘宝、顺丰等优势平台资源，通过电子商务促进乡村经济可持续发展，通过产品（含当地农特产品）开发，有效带动村民创业致富，壮大村集体经济。以电商为统揽和抓手，积极探索一、二、三产业融合、农旅结合发展的新模式，产品开发、销售等均实现线上、线下互联互通。通过产业基地的打造、主题农业带建设等土地的综合利用，大力提高农村土地利用率和产品附加值，快速恢复和发展第一产业；通过各产业基地配套的产品开发与加工，促进第二产业的发展；通过电商、餐饮、客栈、旅游等产业的发展，进一步繁荣第三产业。在所有产业的各个环节，鼓励村民参与其中，极大地促进村民就业、创业与增收致富。

创客产品展示销售

2）创意写生区

目标：以红色文化为核心，在规划辉山村雕塑公园区域时进行适当的景观改造提升，通过雕塑艺术与辉山村红色文化的融合，打造一座具有国际影响力的红色主题雕塑公园，成为集文化、娱乐、休闲、旅游于一体且为人们提供休闲游憩、摄影写生、文化创作、享受大自然的辉山一景。

3）创客工位区

目标：推动民间科技力量和创新文化的发展，整合人才和资源优势，鼓励发明创造和技术创新，为广大创新创业者提供良好的工作空间、网络空间、社交空间和资源共享空间。

创客工位区意向图

4）休闲交流区

目标：在基地内开辟休闲交流区，融合聆听音乐、品味咖啡、阅读时光、鉴赏红色旅游文化艺术、放松心情等元素，为创客营造温馨、优雅、舒适、休闲的乡村文化环境。

休闲交流区意向图

5）会议培训区

目标：围绕"互联网＋流通、农村电商、农旅结合、乡村重建"等领域开展研究、培训，并搭建上述领域交流、研讨的开放平台，培养更多有"乡土情怀与人文关怀"的商界英才，将辉山村打造为互联网经济转型与乡村再造的智囊基地。

会议培训区意向图

4. 运营模式

拟采用政府购买服务的方式，与专门的创客基地运营方在签订委托运营协议，政府对运营方提供场地租金减免、水电费补贴等政策支持，运营方协议期内达到相应的运营目标，对引进入驻的创客同步减免房租、水电费、宽带费等，提供开业登记、创业辅导、融资孵化、线上平台、整体营销等创业服务。

运营方的收益主要来自引入创业项目的投资收益。政府通过建设创客基地，一方面助推乡村旅游业态发展，扩大地方影响，增加就业机会，带动村民致富；另一方面通过创客创业发展，培育新的经济增长点，扩大税源。

创客基地引入的创客创业项目主要面向乡村旅游和休闲农业，包括社区支持农业（生态＋农业＋社区）、创意农业（生态＋农业＋创意）、新民宿（休闲＋农业＋民宿）、亲子农业（休闲＋农业＋亲子）、乡村旅游产品开发等。

5. 建设举措

（1）挖掘特色文化旅游资源，实施乡村旅游建设项目。充分挖掘辉山村红色旅游、客家民俗等特色文化旅游资源，吸引乡村旅游创客开发，利用乡村旅游资源，规划建设一批乡村旅游建设项目。

（2）实施旅游创客优惠政策，吸引乡村旅游创业人才。加大辉山村乡村旅游创客示范基地建设和乡村旅游创客优惠政策宣传力度，在乡村旅游创客租金、人员、宣传等方面给予优惠及帮扶，让有志于乡村旅游的创新创业人才引得进、留得住、用得好。

（3）创新旅游营销机制，带动农民增收致富。着眼于全国市场，借助旅游网站及同程网、携程网、美团网、驴妈妈等电商在线预订平台进行推广，对辉山村的乡村旅游资源进行线上整合营销，为游客提供便捷的游、宿、购、食、娱、行等信息查找、咨询和在线交易服务，以带动乡村旅游经济的发展，促进农民增收致富。

6. 建设原则

（1）产业互动原则。重视发展乡村旅游配套产业，将农副产品的研发、营销和管理融入乡村旅游产品的投资开发，打造以乡村旅游为核心，集"吃、住、行、游、购、娱"于一体的旅游精品线路。

（2）品牌推广原则。树立品牌价值理念，借助广告宣传与活动推广，提高乡村旅游创客示范基地的曝光率与知名度。

（3）统筹创新原则。对辉山村的乡村旅游资源进行整合，在资金支持、人才运用、客源组织、业务互补等方面建立协调统一的合作机制，实现资源共享，尤其是在旅游创业人才方面，设置专门的渠道，招募乡村旅游创客人才。

7. 工作要求

（1）科学编制乡村旅游规划。坚持规划引领，高水平、高标准编制辉山村乡村旅游发展规划，夯实乡村旅游发展基础。充分结合文化、生态、农事体验、垂钓等旅游因素，整合和保护乡村旅游资源，推动乡村旅游创客有序发展。

（2）整合资金，加大政策扶持。乡村旅游创客示范基地是一项农旅结合、产业联动的重要工程，同时是民生工程、富民工程，促进全县乡村旅游又好又快地发展。

（3）加强乡村旅游教育培训。辉山村要将乡村旅游作为重要培训内容，加强乡村旅游住宿、餐饮、营销、传统技艺、特色农产品销售等各类实用人才培养，强化乡村旅游人才支撑。

3.10.9 产品包装

1）设计风格

以辉山革命烈士陵园为背景，以纪念塔、历史人文等为形象特征。

2）色彩

金黄（革命烈士光辉）+红色（红色旅游）。

3）形态

简约+纪念塔（庄重）+光辉（星）+村庄民俗文化特征。

村标设计

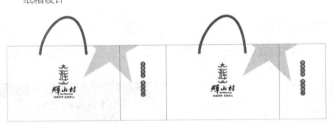

纸箱设计

手提袋设计

竹篮设计

4 乡村生活

4.1 景观建设实践

涡阳最珍贵的是皖北的阳光、空气、树木和乡村，这里的人居环境宁静、自然，并且富有生机。保持涡阳一年四季的乡村之美非常重要。涡阳县美丽办负责人带我们走过几十千米的县道，到处是乡村景观，有地平线，有看得见的地理渐进，也有气候的更替变化。

古人"择水而居"反映出人居形态和人文地脉的千古规律，围绕涡阳的母亲河涡河做文章，最为贴切。

辉山村距涡阳县城仅半小时车程，是县域范围内村落格局较为典型的大村。北方缺山水，而辉山有山有水，是环境优美、交通较便利的皖北村落之一。

辉山村村貌

辉山村东"凤凰河"、西"青龙河"两个水系河流交错，全村总人口5100人，耕地约573公顷，是粮食主产区和商品粮基地。

本次集中规划三个村民组，属于原辉山乡所在地，占地80公顷，总人口

2480人，共580户，设有村部、卫生室、小学、幼儿园等村级设施，总体较为简陋。民房成栋成排，道路纵横交错，按照涡阳县美丽乡村建设要求需要进行改造。

占地约6.7公顷的曹市中心中学（原辉山忠烈小学）建在辉山村，300多名莘莘学子在忠烈的庇护下励志苦读，增识益智，放飞梦想，报效国家。

辉山革命烈士陵园是辉山的骄傲，是辉山人的骄傲。

辉山革命烈士陵园

辉山革命烈士陵园坐落在辉山之巅，坐北朝南，东依凤凰沟，西临殷家河（又名青龙沟），南有北淝河和涡宿公路，有"依山傍水""龙凤呈祥"之意，景色秀丽。该陵园是亳州及淮北、宿县地区最早、最大的抗日烈士陵园。原新四军第四师参谋长兼第十一旅旅长张震多次实地悼念，并亲笔题词。

辉山革命烈士陵园

山塘

　　村庄四周是农田，烈士陵园的山丘不高，围绕一个多年深挖取土留下来的塘坝景观，主要分布在山丘的东北方向，而大面积的农田在山塘的东北和西北侧。东北片区是景观资源最为突出的烈士陵园景观核心区，山塘拥有优美的人

当地民居

文和自然风光，河水清澈，岸线曲折，沿岸树木繁茂，纪念塔坚实且古朴。

古人讲究"门当户对"，当地民居的门主要分为大户人家的"广亮门"、中农阶级的"如意门"和普通农家的"土垣木门"，主要有门腿子和门楣，大多朴素且简单。

另外，在村域范围内有一座大圣庙祠堂。这些丰富的历史遗存以及河道优越的自然环境、便利的交通条件使辉山村成为"上善若水·德道涡阳"涡阳全域旅游项目最早启动的试点村。

忠烈祠

4.2　景观规划设计的前期探索

辉山村美丽乡村规划与建筑设计项目建议在烈士陵园周边与校园区域进行景观营造，这部分空间较大，也是未来村民与游客的活动空间。另外，采石塘坝区极具视觉冲击力，可以与纪念塔、农田和果园进行一体化设计，围绕一个核心景区。

4.2.1　村落景观的构成要素

乡村景观是以大地为背景、以乡村聚落为核心且由经济景观、文化景观和自然景观构成的环境综合体。乡村景观也可以说是将土地的自然环境、生产和生活融为一体的"农业生产景观"和"农业生活景观"的复合景观。同时，作为皖北村落的辉山村，其地域特征和历史文化内涵又远高于一般乡村。

这些要素具有浓郁的地域特色，体现所在村落的自然美和人文美。具备这些要素的传统村落通常散发着乡土气息，尽显传统村落特有的美丽景观。

4.2.2　景观规划的设计定位

通过对比分析辉山村的现有资源，设计师发现其村域范围内几乎涵盖皖北目前的村庄景观构成要素，这让设计师非常兴奋，但同时面临一个问题：这些村落景观中的"景观"并非由设计师或村民刻意设计营造，而是村民为满足自身生存需求，在选择自然、改造自然的过程中逐渐形成的。

因此，引入常见但本不属于村落的景观元素是不适宜的，有意打造明显的景观节点的做法也行不通。

从事近 20 年乡村建设的孙君老师提出"把农村建设得更像农村"的理念，带给设计师很大的启发，如果能够在景观建设中打破常规，再现劳动人民通过有意识的生产生活和无意识的景观营造而产生的村落美，把农村建设得更像农村，也将成为可能。

最终，辉山村景观设计围绕辉山村的红色爱国主义教育主题，尽可能还原传统村落自身的景观美，以及皖北三合院的设计美，反映村民的生产生活，运用各种景观元素，以人为本，引导人们发现并享受安徽北部村落的景观之美。

4.3 生活污水处理

随着辉山村项目建设的不断推进，游客越来越多，但目前辉山村的污水处理能力有限，如果不能及时处理，会影响村庄的生态环境和长远发展。因此，针对辉山村的生活污水处理情况设计相关方案。

4.3.1 排水方案一

（1）村庄内现无专用管道，雨水污水通过边沟就近排入低洼田地或池塘。

（2）规划雨污分离，污水通过污水管道排至污水处理厂处理，处理达标后就近排放。雨水地表自流，适当清理现有排水管沟。

排水方案一

4.3.2　排水方案二

利用自然之力，使污水净化，循环使用。

铺设地下排污管道连接到户，污水、废水分别经管道集中到污水处理站，经净化后排放到湿地，再经湿地二次净化后达标排放。对于养殖业粪便、干湿分离厕所粪便及部分污泥秸秆，利用沼气池发酵后做无害化处理，成为肥料还田。

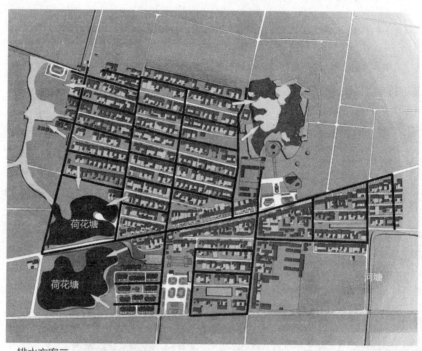

排水方案二

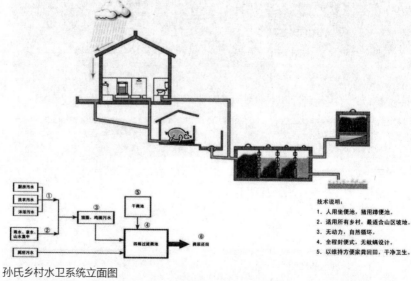

孙氏乡村水卫系统立面图

4.4 村庄资源分类系统

4.4.1 垃圾现状

整个村域垃圾问题比较严重：

（1）收集点设置随意性强，且位置不固定，缺少规划设置的依据。

（2）摆放无序，缺少绿化、美化。垃圾桶随意摆放，尺寸、色彩不规范。

（3）管理粗放，与周边环境不协调。垃圾收集点经常出现垃圾外溢、污水横流、气味大，以及垃圾桶有污垢、破损等现象。

（4）没有设置大件垃圾、装修垃圾的专用垃圾收集点。

4.4.2 垃圾分类标准

1）干垃圾

（1）废纸类：主要包括报纸、期刊、图书、各种包装纸等，但要注意纸巾和厕所纸由于水溶性太强，不可回收。

（2）玻璃类：主要包括各种玻璃瓶、碎玻璃片、镜子、灯泡、暖瓶等。

（3）针织类：主要包括废弃衣服、桌布、洗脸巾、书包、鞋等。

（4）塑料类：主要包括各种塑料袋、灌装塑料瓶，以及其他塑料制品。

（5）金属类：主要包括易拉罐、罐头盒等。

2）湿垃圾

湿垃圾是指通过生化技术处理成为农用肥料的废弃物，也包括剩菜剩饭、骨头、菜根菜叶、果皮等食品类废物。

4.4.3 乡村固体资源管理

目标：垃圾不出村，循环利用。

垃圾分类处理操作流程建设：

（1）源头处理：在家中将垃圾分成干垃圾和湿垃圾分别放在相应的垃圾桶中。

（2）分类收集：在村里成立资源分类中心，作为可回收垃圾、不可回收垃圾、有害垃圾和厨余垃圾的分类存放处。

（3）分类处理：保洁员将垃圾运至资源分类中心，进行分类。

可回收垃圾积累到一定量后进行变卖。菜皮果壳等有机垃圾进行堆沤发酵处理，作为有机肥。建筑垃圾运至填埋场做填埋处理，有害垃圾填埋或与镇县对接处理。

4.4.4　乡村水资源管理

目标：污水不入河，循环利用。

1. 乡村资源管理实施细则

1）村民

（1）准备在家里使用的资源分类桶。

（2）清洁房前屋后的环境。

（3）整理家内环境，保持整齐干净。

（4）自家田地的垃圾清理。

（5）家禽养殖规范。

2）村委会

（1）资源分类系统的建立。

（2）中水回用池的修建。

（3）资源分类管理回收。

（4）公共区域的环境治理。

（5）评估检查。

（6）家庭环境比赛。

2. 资源分类步骤

（1）动员和培训：介绍资源分类的意义、要求、方法和目标。

（2）每家每户自备垃圾分类桶（什么桶都行）。

（3）推选保洁员，准备垃圾收集车辆（已经具备），村中建设集中资源分类中心。

（4）组织学生和农户义务劳动，整治公共区域的环境卫生。

（5）每家每户按要求整治门前屋后的环境卫生。

（6）按计划日程，在全村实施资源分类，并开展评比。

3. 资源分类的长效机制

（1）学生组：负责和监督全村主干道和学校周边的环境卫生，在家里督促家长搞好家庭资源分类工作。

（2）家庭组：负责本家庭和房前屋后的环境卫生。

（3）监督组：由村干部和推选出来的专门负责垃圾分类监督的妇女对资源分类工作实施监督。

4. 结合资源分类，开展卫生教育活动

（1）结合垃圾分类知识，组织村内广播、学生演出和文娱活动。

（2）组织资源分类评比活动，建立奖惩制度，奖励先进带动后进。

（3）将资源分类相关制度纳入村规民约。

（4）将资源分类的知识纳入学校的教学体系，组织学生卫生队，确定卫生日，定期在学校及周边进行垃圾分类宣传和环境整治活动。

4.4.5 垃圾分类活动开展方式

1. 成立"1"个机构

成立农村垃圾分类领导小组。

垃圾分类领导小组由村干部、村小组长、小学校长以及部分有影响力的村民代表（老干部、老党员、老教师等）组成，村支部书记或村主任担任组长，村妇女主任负责具体工作。

2. 明确"2"个主体职责

第一个主体是家长和学生（针对农户）。

家长负责各自家庭的室内卫生以及房前屋后的垃圾清理和简单的垃圾分类，即把干、湿垃圾分别放置自家门前的不同垃圾桶中，学生负责督促家长。

第二个主体是村干部和村保洁员（针对全村）。

（1）保洁员，负责清扫、收集、分类三项工作：负责主干道的清洁，定期挨家挨户地从农户家里回收垃圾，送到村垃圾分类中心，由村垃圾分类中心的保洁员进行二次分类存放和集中处理。

（2）村干部，负责检查督促保洁员定时清扫村公共场所的垃圾和定时回收农户门前存放的垃圾。

具体处理方式：

（1）可回收的可利用再生垃圾，集中售卖到指定的资源回收站（废品回收中心）。

（2）湿垃圾交付指定的加工厂进行生化处理（沤肥处理）或填埋。

（3）其他垃圾交付指定的地点处理或就地填埋。

3. 坚持"3"项原则

1）分而用之

垃圾分类的目的是将废弃物分类处理，利用现有生产制造能力，回收利用回收品，填埋处置暂时无法利用的垃圾。

2）因地制宜

各村、小组（自然湾子）的地理、村民来源、生活习惯、经济与心理承担能力等各不相同，需要结合实际情况，因地制宜地向村民提供便捷适用的软、硬件设施，引导公众正确分类。

3）自觉自治

通过垃圾分类的宣传引导，使村民形成垃圾循环利用的意识，并自觉进行垃圾分类，成为垃圾减量、分类、回收和利用的主力军。

垃圾分类是一个漫长且持续的公益行为，建立一个科学的检查督导系统对于确保乡村垃圾分类的可持续发展是十分必要的。

（1）相关的督导系统。

由现任村干部、离退老干部和有威望的村民组成垃圾分类督导小组，按照村规民约和相关的管理制度，采取定期与不定期的方式，对村民、保洁员和中心站管理人员的垃圾分类情况进行检查、督办甚至全村通报。

由小学生组成规劝督办小组。首先，从教育小学生开展参与家中和村内公共场所的垃圾分类活动开始，通过小手拉大手的方式，影响和改变成年人不习惯垃圾分类的习俗。其次，让四五年级的小学生担任家庭卫生评比员，挨家挨户地检查卫生。这样不仅农户家里干净了，道路、河沟里的垃圾也清理干净了。

（2）具有约束力的垃圾分类管理制度。

制度是确保工作有效运行和开展的最后一道保障。将垃圾分类纳入村规民约，或与村民的切身利益（如评星级文明户、村办理出示证明等）挂钩。

4. 制定"4"个制度

1）环境卫生公约

（1）自觉搞好家居卫生，做到人畜分离，不得散养家畜；如果条件允许，集中圈养，对死禽死畜进行深埋。

（2）垃圾不乱倒，粪土不乱堆，污水不乱流，柴草不乱放，按要求将家庭垃圾倒入相应的垃圾桶内。

（3）自觉保持好房屋周边的环境卫生，做到房前屋后无积水、无杂草、无垃圾。确保堰沟流水畅通，堰塘、田埂、责任田无果皮纸屑、塑料袋、废弃的化肥袋、农药瓶等垃圾污物。

（4）自觉维护道路畅通和水利设施的贯通，不得将垃圾、废土、乱石、杂物、农药瓶和田埂杂草倒入村道和各大、小水渠。

（5）不在村道、主道边搭建违章建筑，按要求养路、护路、修路，不得在道路上乱挖排水沟，不得在道路上晒、打农作物，不得在道路上种植作物，侵占路面。

（6）凡发现危害和破坏村道、水利、休闲场所等公共设施的人和事，加以制止，并及时向村理事会反映。

（7）每户每月出一天义务工，参与村组织的环境卫生的实施、管理和监督工作。

（8）村委会每月进行一次卫生评比检查，在每户大门张贴"最清洁""清洁"标志，并在公开栏上公布评比结果。

（9）村卫生保洁员认真履行卫生保洁责任，村民积极配合卫生保洁员的工作。

2）农户垃圾分类承诺书（含相关奖惩挂钩）

3）村保洁员目标责任制度

4）垃圾分类检查监督制度（含评比标准）

家庭环境评比标准与得分（100分）：

（1）门前屋后种上不同种类的花和树，至少6棵（10分）。

（2）门前有干湿两个垃圾桶，周围没有乱扔的垃圾（10分）。

（3）不占道，菜园、花园、柴草整齐（10分）。

（4）院墙、大门、厨房、卫生间、房间干净整齐（15分）。

（5）有一个葡萄架或者瓜果架，4平方米以上（15分）。

（6）门前有一项景观，可选树根、大石头、水井、水磨盘、风车、鱼池等（20分）。

（7）拆围墙，建沼气池（20分）。

5. 落实"5"个具体工作

1）购置相关设备

村集体统一购置的设备：村集体购置垃圾桶和垃圾车。按照一定人口比例，如每100人或者每个自然小组（湾子、墩头）"一组垃圾桶"（即干、湿垃圾桶）；在人流集中公共场所，如商店、餐馆、学校、公园、车站和公共厕所等地方，放置专用的"一组垃圾桶"（即干、湿垃圾桶）。垃圾车一般分为两种样式：一种是由村保洁员使用的两轮垃圾回收车，方便保洁员挨家挨户地回收；

另一种是大型垃圾运输车，用于村资源分类中心的垃圾处理。

农户自己购置的设备：农户垃圾桶原则上由农户自己配备，如废旧的塑料桶、竹篾桶。有条件的村可以统一购置。农户家的垃圾桶准备两个，一个装干垃圾，一个装湿垃圾。

2）修建村垃圾分类中心

垃圾分类中心是村收集垃圾的存放地，如果一时无法修建垃圾分类中心，也要选定村外垃圾集中存放地。

3）配足村保洁员

按照每100人或者每个自然小组（湾子、塆头）配1名保洁员的标准，组建村垃圾分类的保洁公司。保洁员的工资有三大来源：一是村级统筹，二是小组自筹与村级补贴，三是小组自筹与企业补贴。

4）定期回收和清运

农户收集：农户或行人将垃圾按不同类别，分别放置在不同的桶中，便于村保洁员回收。

保洁员定时收集：根据不同的存放地确定不同的时间。农户房前屋后的垃圾桶，原则上一天收集一次；村口、主干道和行人密集地的垃圾桶，原则上一天一次，或两天一次，或三天两次等。无论何时收集，均以不造成新的污染，如异味、漫溢以及蝇蚊飞绕等为原则。垃圾收集后，由垃圾清运车拉至村垃圾分类中心（站）统一处理。

垃圾处理：垃圾分类中心（站）的工作人员将经过保洁员初步分类处理的垃圾统一存放在不同的存放地，采取销售（主要指干垃圾）、生化处理（主要指湿垃圾）、填埋（主要指有毒有害垃圾）和焚烧（主要指砖瓦陶瓷、渣土、卫生间废纸、纸巾）的方式进行处理。

5）村庄和农户室内环境整治

保持村公共场所和农户室内的整洁是垃圾分类的重要组成部分。重点是把村庄路口和自家门前的垃圾清扫干净。针对村庄，将村庄内乱搭乱建的物品（如柴草、树木、篷子、车子）清整好；针对农户，将农户室内乱堆、乱放、乱晒的物品（衣物、农具、日常生活用品）整理摆放好。

5 预算与施工

5.1 项目总造价与各项造价

辉山村建设项目分为三期建设，工程总投资费用约 7260 万元。

一期项目实施村内公共配套设施建设和基础设施道路改造工程，建设投资费用约 2650 万元，建设项目为村民活动中心工程、游客服务中心工程、旅游公厕工程、辉山小学及幼儿园室内外改造工程、村内道路改造工程、村内雨污水管道改造工程。

二期项目实施村内既有建筑室内外改造工程，建设投资费用约 3350 万元，建设项目为经营示范户室内外改造工程、红色教育基地改建工程、村民培训中心改建工程、沿街建筑立面改造工程、拆迁安置区工程。

三期项目实施村内生态环境修复及景观改造工程，建设投资费用约 1260 万元，建设项目为荷花塘经果林工程、辉山烈士陵园景观改造工程、村内公共区域附属景观改造工程。

5.2 施工单位要求

辉山村的施工单位是安徽誉阳建设有限公司,参与农道机构多个工程项目,施工经验丰富。

乡建施工在施工材料的选择及工艺实施方面具有特殊性,不同于城市建设工程的标准化模式,而采用非标准化的艺术性模式、个性化模式。乡建项目落地效果的好坏在很大程度上取决于施工队伍的专业技术和经验。施工单位必须与乡建设计团队保持沟通,协调处理各种技术问题,在保证施工质量的同时,保证设计构思及效果的落实。施工的技术复杂性较高,特殊要求较多。

另外,乡村建设在施工前只能提供指导性施工图,无法准确地确定工程量,只能在建设过程中根据建筑结构和形式确定改造修复的工程量,并在工程竣工后根据实际的改造修复工程量绘制竣工图纸。结算方式比较复杂。因此,建议采取邀请招标方式,选择施工承包方。结算方面,建议采用下浮费率竞争、标后计价的模式。

5.3 建筑材料

乡土建筑营造材料选择十分关键,乡土建筑材料的选择一般遵从就地取材原则,建筑所选用材料的基本是可再生、可循环利用的资源。在辉山村项目建筑及庭院室内外改造施工过程中,我们采用大量旧青砖、旧木料、毛石板、旧青瓦等本地传统材料,将这些废旧材料利用起来,采用低碳营造技术,有效减低乡建工程营造成本。在村内公共部位景观环境修复中我们不使用成本较高的城市园林绿化树种,采用椿树、槐树、乌桕、桃树、柿子树、枣树等本地乡土植物,尽量不破坏周围的植被,保持原有的自然风貌和自然特色。利用本土传统材料和乡土植物,体现地域特色,营造出乡土气息浓郁的建筑形态及景观环境。

5.4 项目建设周期

项目建设周期约 2 年，建设内容如下：

小学、幼儿园景观绿化工程：时间节点为 2017 年 12 月 30 日前。

村庄四户示范户建设工程：时间节点为 2018 年 1 月 30 日前。

400 米沿街立面改造工程：时间节点为 2018 年 1 月 30 日前。

辉山村村标景观提升建设工程：时间节点为 2018 年 2 月 10 日前。

辉山村游客服务中心工程（农商行及公厕）：时间节点为 2018 年 2 月 10 日前。

辉山村烈士陵园修复工程（院墙、新建三牌楼及迁移现状牌坊，迁移牌坊由政府指定专业队伍完成）：时间节点为 2018 年 2 月 10 日前。

景观附属设施建设工程（荷花塘、垂钓中心周边小亭子及木栈道景观附属设施）：时间节点为 2018 年 4 月 30 日前。

辉山小院建设工程：时间节点为 2018 年 5 月 30 日前。

博物馆室内装饰施工及建设工程：时间节点为 2018 年 6 月 30 日前。

辉山村内旱厕改造工程：时间节点为 2018 年 6 月 30 日前。

"绿十字"软件植入（内置金融体系、产业、农妇培训等软件服务）：时间节点为 2018 年 9 月 30 日前。

6 手记

6.1 设计小记

6.1.1 我与红色辉山的 365 天

驻场技术员：程林

辉山村，一个位于皖北平原的美丽村庄，位于亳州市涡阳县曹市镇，亳州市重点革命烈士纪念建筑保护单位的抗日烈士陵园就坐落于此。

2016 年 10 月，涡阳县启动"英雄筑梦·美丽辉山"乡村建设公益活动。2016 年底，设计团队进场。2017 年 7 月，我来到这个美丽的村庄，一个让我魂牵梦萦的地方。

初来乍到，觉得辉山村比想象的要破败。到处都是破旧的房子或火柴盒似的小洋房，非常难看，尤其是河面和道路上满是未经规划处理的垃圾堆。留守老人和儿童的脸上毫无欢颜，缺乏活力。这就是我要建设的地方吗？此时此刻，我的内心充满怀疑，怀疑自己能否做好这个项目，怀疑能否真正地帮助村民。

1. 村民的期盼让我们有了信心

进场施工时是 7 月。乡村建设，教育为先，因此第一个项目实施的对象是辉山忠烈小学。曹市镇政府领导、辉山村村委会领导、学校校长及老师们非常热情地接待设计团队，为我们解决各种生活问题，使大家对以后的工作有了信心。

烈日炎炎似火烧，炎热的七八月是工地抢工最忙的时候，因为 9 月 1 日是学校开学的日子。曹市镇政府领导经常给大家送来上千斤大西瓜和好几箱矿泉水；天气最热的时候，当地百姓送水、买西瓜。炎热的天气阻挡不了村民的热情，也阻止不了工人们建设学校的干劲儿，那一刻，仿佛天气变得凉爽几分。

2. 同事们的努力使大家看到了曙光

金秋十月，沿街立面和第一批示范户施工同时进行。沿街 430 米立面改造是个大工程，而示范户却是个小而精致的工程。那段时间，项目部从项目经理到施工员、安全员、材料员，个个忙得很，每天为村民讲解项目的具体构想，跟工人们交代图纸尺寸，核对材料，对比效果图。然而，辛苦总有回报，看到沿街立面的建设效果一天比一天好，村民的表情从怀疑到理解，再到感激，油然而生的满足感是无法替代的。

3. 大家的辛勤让我们看到了希望

时光如流水，2017 年底，项目的重中之重——烈士陵园改造提上日程。动工前一天，我们怀着敬仰之心听当地老人讲彭雪枫将军和张震将军的抗日故事；第二天，开始施工，目的是"为革命先烈营造更好的环境"。辉山村的冬天很冷，条件很艰苦，但改造烈士陵园的我们，心里是暖洋洋的。

一年之计在于春，2018 年 3 月，刚刚过完春节的我们就赶到辉山村，忙着沿街立面、庭院、绿化、种花、种树等工作。4 月 5 日是涡阳人在辉山烈士陵园缅怀先烈的日子，那一天来了好多人，大家说辉山村比以前漂亮多了，以后有时间可以来这里玩儿。这便是对我们工作的最大肯定。

不知不觉中，我在辉山村度过了整整一年的时光，炎热的夏天、繁忙的秋天、充实的冬天、充满希望的春天，我从最开始的抵触变得深深地爱上这个地方。真心希望辉山村越来越美，"安徽农道"设计团队越走越好。

6.1.2 遇见——辉山忠烈小学

项目经理：潘中保

成长像苹果，甜甜的；成长像青梅，酸酸的；成长像橄榄，涩涩的……正因为有了这酸、甜、苦、辣，辉山村变得如此美好。在辉山村长达一年的建设与改造中，我作为整个项目的项目经理，经历了许多难忘的人和事，其中，最令我印象深刻且充满成就感的是辉山忠烈小学。

第一次来辉山村是 2017 年 7 月 12 日，我记得很清楚，当时正值夏季高温，气温有 40 度，一下车便看到一个很普通但脏兮兮的村庄。辉山小学戚校长和镇政府书记在学校门口等我们，戚校长的脸上充满笑容，他之前看过项目前期的改造方案，非常期待设计团队为村庄打造一个漂亮的校园，这一天终于来了。

校长带我们参观了学校。外立面好像危房，满是雨淋的痕迹，教室里的地面坑坑洼洼，桌子放不稳，特别经过厕所时气味难闻。接着，设计团队向校长了解该校的大体情况，出乎意料的是，这样的学校竟然有 400 多名学生，都是所谓的"留守儿童"。父母外出打工，村里留下的只是孩子、老人和狗，谈到这里，校长问："9 月 1 日开学前能不能完工，得确保按时开学上课，农村教学本来就比不了城里，如果再耽误上课时间，后果可想而知。"

此时，我被校长的一番话感动了。当前的任务相当于重建一个学校，项目前期因各种因素耽误了近半个月，距离开学只有一个半月，又是高温天气，完成的难度比较大。然而，我们是一支专业化且能够打硬仗的施工团队，又想着这些留守儿童与校长渴望的眼神，大家便不忍拒绝。

当天下午，几位管理人员在镇书记和村书记的陪同下租好了现场办公指挥部，房子里什么都没有，当晚只好就宿在镇上的小旅馆，那一夜彻底未眠。想了一夜，怀疑了一夜，质问自己，能否如期完工。那一夜，几乎把整个工期的施工计划深深地印在脑海中，每一个环节都是那样清晰。

天一亮，虽然一夜未睡，一股干劲潮水般地涌上来。组织工人，确认建筑材料，对照图纸，复查尺寸，搭设外架，对房屋进行加固等，最高峰时将近 150 名工人同时施工，保证不落下每个角落。各个后勤保障部门做好防暑降温工作，每天按时发放冰水、西瓜及药品，再忙再苦安全第一。

一晃半个月过去了，前期工作顺利完成。8 月的天气高温且潮湿，但我们丝毫没有松懈，反而增加人手，分两班制施工，白天一班，晚上一班，保证工地 24 小时不间断施工。在此期间，当地政府及学校领导多次送来水和西瓜，让项目人员倍感欣慰，我们也更有信心，啃下这个硬骨头。

转眼间离开学只剩下 5 天了，时间飞快，经过一个多月的不懈努力，项目接近尾声，从开工到现在几乎每天都问自己同样的问题：能完工吗？现在看着累累成果，镇书记和校长说："太好了，心里的一块石头终于落地了。"大家露出了欣慰的笑容，这便是对我们工作的最大肯定。

9月1日，开学报名，人山人海，孩子和家长们看到新的学校、新的学习环境，笑容灿烂，满心欢喜，让我们觉得所有努力都是值得的。

完工后的辉山忠烈小学带给我们无比的成就感，将深深地烙印在每位项目人员的心目中。

6.1.3 采访"安徽农道"设计总监张承宏

孙君老师提到，您是他的"学生"。请问，这是一种什么样的"渊源"？您跟随孙老师学习有多久了？

张承宏：我是合肥人，做设计很多年了。20世纪90年代初，我学习工艺美术，设计香烟盒和包装盒等。毕业之后在印刷厂当过小工，在装饰公司做过装潢设计，之后辗转国企、国内知名设计公司，后来创立"承宏设计事务所"，我多数从事室内设计和小环境规划。二十多年来，我大多被市场和环境裹挟着走，堆砌元素，做成固化的商业复制品。随着时间的推移，有个问题萦绕在心头："什么是真实的设计？"安徽这两个字，除了地理标志，还有什么可以代表安徽人的精神？这些疑惑在心里占据的分量越来越大，我开始寻找答案。

于是，我学习旅游规划，从源头开始，看房子，学习建筑，将策划、规划等多种专业知识结合起来，从中摸索，过程中交杂着各种苦痛与兴奋，曾经给自己QQ座右铭备注是"在设计中修行，在修行中设计"，不断激励自己前进。但是，慢慢发现，之前的疑惑并未得到解答，找不到方向，只能放下琐事，继续"流浪"。

走进徽州的村落，有青山绿水、鸟语花香，但蓝天下似乎已经没有乡村的味道。在大城小巷中穿梭，感受市井文化，进茶馆闻香品茗、附庸风雅。所到之处喧嚣嘈杂，"城不像城，乡不像乡"。我开始思考，随处可见的现代化给人类究竟带来了什么？内心很沉重，感到缺氧和抑郁，想到的尽是美好蓝图与现实情况的矛盾冲突，我将何去何从？当时很迷茫，设计的真理到底在哪里？

每一次的希望最终粉碎成每一次的失望，修行的过程其实是奔向希望的起点。2012年底，在一次乡建课堂上，偶然认识了孙老师，端正的脸庞，凸起的眉弓下方是一双炯炯有神的眼睛，声音洪亮，一撮山羊胡须，清秀和儒雅，符合中国传统审美标准。我虽然长相不如孙老师，但似乎与他有很多相似之处，更平添了我对孙老师的亲近感。

孙老师讲课浅显易懂，没有高深的概念。他讲述这么多年来在乡村做的事情，如何帮助当地老百姓走上富裕之路，与各种人打交道。比如，设计必须落地，不落地就是不负责任，不真实的设计坚决不做。他提出的"把农村建设得更像农村""乡村是中国未来的奢侈品"这些设计理念让我眼前一亮，兴奋不已，苦苦寻找的答案仿佛就在眼前。

孙老师说，如果设计师用城市的方法、思维、价值观建设农村，肯定建不好。他的"孙九条"更是直击内心，让我了解到他作为设计师的气质及其在乡建工作中的严谨作风和原则立场。

孙老师无意中提到他是马鞍山人，是我的老乡。有句老话说得好，"凡有大事，必出皖人"。我突然明白孙老师身上所具有的乡村情怀正是我梦寐以求寻找的设计方向。为了不让这次短暂的偶遇变成稍纵即逝的过往，我像小学生一样，给孙老师递小纸条，直到现在，依然记得纸条上的八个字"穷不丢书，富不丢猪"，并向孙老师表达拜师学艺的决心。这次见面后不久，这位老家哥哥开始带着我上山下乡，系统地讲授乡村建设知识和设计方法，我争分夺秒地吸收和消化，希望尽快掌握乡建知识，将其付诸实践。从接触郝堂村，走过宜昌远安县，到合肥的三瓜公社、太行山区的河北阜平县、贵州的安顺、合肥的朱巷镇、再到皖北的涡阳，孙老师带着我一直干到今天，未来还将继续投身于乡村振兴的事业中。

资料显示涡阳所在的亳州市有一定的旅游产业基础。请您简要介绍一下。

张承宏：亳州地处中原，历史上人才辈出，文化底蕴丰厚，自古有"药都之称"，中草药业发达，人口众多，贫富差距很大。旅游产业资源相当丰富，但需要提高质量。

这个项目是涉及整个涡阳全域，以辉山为开端吗？对涡阳县有何意义？

张承宏：辉山村是涡阳全域旅游第一个美丽乡村项目，乡建规划设计的好坏直接关系到涡阳全局，起到示范作用，甚至将影响安徽淮北平原大部分地区。

出于什么样的考虑，选择辉山村作为第一个发力点？

张承宏：第一，距离县城较远，周边没有高大建筑，视野宽广，农田壮丽，三县交界区位优势明显。项目建成后，将具有极大的影响力，并且起到示范带头作用。

第二，北方平原农业缺乏特色，少山缺水。辉山的海拔不算高，水源丰富，拥有深厚的红色文化底蕴，其资源在涡阳不算好，但也不算差。如何摸索出一条安徽涡阳特色发展之路，给更多的乡镇树立榜样？这个问题至关重要。

第三，我们对乡村、乡建已经有了一些经验。孙老师要求严格，这个项目群策群力，比较有把握。

在项目资料中有对义门镇、道源湿地、稚河集等情况的介绍，但这些不在辉山村范围内吧？

张承宏：每个项目都是独立完成的，有所借鉴，但具体情况都不一样。

在规划设计上，如何考虑并协调从全域到一个村、从整体到局部（村内单体项目）之间的关系？

张承宏：涡阳有三种文化：第一，红色文化，以烈士陵园为代表；第二，紫色文化，比如，稚河集老城区的改造、道源国家湿地公园和义门古镇项目；第三，生态农业，涡阳是农业大县，传统农业发达，保持农业的良好基础是涡阳发展的重点。

围绕三大文化，充分体现每个项目的特色，结合美丽乡村建设，推动涡阳全域旅游产业发展，使精准扶贫工作和农村生态宜居工程紧密结合，最终实现乡村振兴。

义门镇、道源湿地、稚河集等改建新建计划是否已提上日程？

张承宏：这些项目建设将在2018—2019年内初步完成。

从方案构思和项目进展情况来看，村域内除基础设施，实施改建新建的工程量并不是很大。那么，在总体上，修复区、整治区、新建区的比重各占多少？重点分别在什么地方？后续村域工作量是否更大一些？请举一个具体的例子。

张承宏：规划设计比较谨慎，先期开工的项目的确不多，修复区占比最少，主要围绕烈士陵园牌坊、辉山院子和烤茶房几个单体建筑。

整治区目前启动了辉山小学、振兴路北街长度为430米的沿街立面改造和四户示范户的改造工作，占到整个工作量的一半。

新建区有游客中心、烈士陵园广场、景观停车等，占比约30%，政府未来将在这三个方面加大投入。村内还有将近 20 栋传统建筑需要修复，功能主要为爱国主义教育、住宿、餐饮和各方配套。针对想做生意的农户进行奖补，村民出一部分钱，政府出剩余大部分，进行建筑改造以及周边环境整治，提升大道和步行街，发展乡村旅游。

农户安置方面，我们规划了筑梦社区和卫生院，靠近荷花塘，环境优美，这部分属于新建区。同时，下一步将打造烈士陵园山塘景观，建造一个红色雕塑公园，聘请国内著名雕塑家予以指导。

"厕所革命"是现在的热点话题，孙氏生态排污系统体现了"厕所革命"。请问实际使用的场景是在哪里？具体数量是多少？在最初设计时，政府、村民是否接受这个方案？实际使用效果如何？是否在后续项目中予以普及？

张承宏：游客中心公厕和示范户室内厕所均开始建设，目前大约有 10 户。

村庄基础建设本来有个小型污水处理厂，由于缺少投入，处于停滞状态，道路建设预埋污水管和雨水管网，主要围绕重点路段，目前未进行科学处理。这些工作将逐步完善到位。在推广过程中，我们要求村里必须采用生物处理方式，由于村民意识薄弱，在实施中的确遇到一些困难。采用这些方式有助于提高生活质量，因此，村民表示理解和支持。目前已在少量运营中，后续将进一步普及。

辉山村项目以红色旅游（烈士陵园、博物馆）为切入点，目前该部分的整体建设规模如何？具备多大的旅游接待能力？能否与旅游定位相匹配？还有哪些其他公共建筑，是否同时具备旅游接待或辅助功能？

张承宏：围绕烈士陵园进行四个方面的建设：一是辉山烈士小学，已完成；二是烈士陵园景观建设，正在进行；三是博物馆，已设计完毕，由于博物馆展品缺少重量级展品，周边红色旅游博物馆惨淡经营，因此转变思路，重点打造雕塑公园，作为下一个亮点；四是在陵园周边种植经果林，既丰富农田景观，又带动乡村产业发展，开展各项活动。

每年计划接待游客 100 万人，接待房屋达 30 套，包括政府自持物业、农家乐民宿业、爱国主义教育课堂等，旁边是曹市镇主城区，初步具备旅游接待能力。围绕红色旅游，结合美丽乡村建设，实现乡村振兴。剩下 20 栋保存较好的三合院大瓦房已开发建设，作为后期配套最重要的部分。另外，预留大队部广场约 0.5 公顷土地，作为村集体经济建筑，打造公共配套区。

烈士陵园与采矿塌陷区相连,塌陷区是个很特别的存在,这是如何形成的? 在设计改造中如何利用? 具有什么功能? 目前情况如何?

张承宏:涡阳有两处出产石头,一个是石弓镇,一个是曹市镇的辉山村。当地居民开采石材,将其作为盖房子的主要材料,可追溯至 100 多年前。过去,辉山的辉是灰色的"灰",有"出产灰色石材"之意,后来更名为光辉的"辉",借喻光辉的历程和顽强拼搏的革命精神,辉山村因此得名。

当地村民长期从这里取土建设房屋,坑塘越来越大,甚是壮观,与陵园纪念塔形成独特的地质景观。计划在坑塘特殊的地貌上打造一个雕塑公园,围绕新四军抗战的情景故事,融合自然景观、人文景观、大地景观、经济景观,营造一个爱国主义教育基地。目前正在设计中,计划在 2018 年年底建成。

6.1.4 采访"安徽农道"总负责人沈欣

"安徽农道"创建的初衷是什么? 之前您负责哪方面的工作?

沈欣:第一,安徽作为中国农业大省、中国农村改革开放的发源地,乡村建设尤其是美丽乡村建设理应走在其他省份的前列,但事实上却大为滞后,尤其是来自民间的乡村建设团队相对缺乏,创建"安徽农道"是顺应历史形势的需要。

第二,无论美丽乡村建设还是乡村振兴战略,都要有落地的方案和推动方案实施的平台,因此,创建"安徽农道"是时代的需要。

第三,2017 年 6 月,安徽省发布《安徽省美丽乡村建设"十三五"规划》,在规划中明确提出安徽省未来五年乡村建设的目标,即"加快推进中心村建设""广泛开展自然村环境整治"以及"积极探索整县推进美丽乡村建设",这为"安徽农道"的创立提供非常好的政策机遇,所以创建"安徽农道"是顺应现实情况的需要。

第四,有"当代乡村建设领军人物"之称的孙君老师,是"农道"乡建组织的创始人和总负责人,他是安徽人,一直希望在家乡成立一个农道的分支机构,同时孙老师非常认同我们团队的理念,所以,创建"安徽农道"是顺应公司自身发展的需要。

创立"安徽农道"之前,我经营一家名为安徽誉阳建设有限公司,每年营业额达上亿元,主要服务于国内知名的地产商。如今,它为与"安徽农道"联合设计施工一体化奠定了坚实的基础。

您是安徽人吗？之前了解涡阳县这个地方吗？是什么机缘接到这个项目？

沈欣：我是土生土长的安徽人，但在正式接手涡阳项目之前，我对涡阳并不十分了解，但之前在阜阳等县市做过建设项目，知道涡阳相传有"老子故里，天下道源"之称，县域内有众多历史人文景观。同时，涡阳是国务院批准的对外开放市县、安徽省历史文化名城、安徽省科学发展先进县、安徽省粮食生产大县，也是安徽省首批扩权试点县、安徽省文明县城等。

接手涡阳项目因为孙老师的缘故。孙老师在安徽合巢经济开发区做了一个"三瓜公社"的美丽乡村建设项目，这个项目在安徽影响很大。孙老师作为"三瓜公社"的总设计师，名气越来越大，很多县市的领导都想请孙老师去当地指导美丽乡村建设项目。涡阳的主要领导和孙老师在北京深入交流，于是我们把孙老师请到涡阳，给当地干部讲了一次课，主要领导更加坚定了请孙老师去涡阳进行美丽乡村建设的决心和信心。孙老师作为"安徽农道"的总顾问，指定我们作为项目承接方，负责涡阳美丽乡村建设的规划设计与建筑营造工作。这些大概就是我们接手这个项目的机缘吧。

辉山村项目是"安徽农道"的第一个乡建项目，作为团队负责人，您主要负责什么工作？感触或印象最深的是什么？

沈欣：我作为"安徽农道"的总负责人，主要负责公司宏观上的谋划和运作、项目启动前的决策，以及项目推进过程中的协调与督促。

在项目推进过程中，设计方案的前瞻性、落地性与当地政府预期的契合性，以及施工建筑的质量、进度等，对于项目的有效推进是至关重要的。

另外，地方领导的理解和支持很重要，对乡村建设理念的认同、对设计方案的认可，以及在项目实施过程中的财力、物力、人力支持和配合尤为重要。

和我们看到的"绿十字"以往的乡建项目有所不同，在资料中看到涡阳所在的亳州市农业人口人均可支配收入居全省第五，并有一定的旅游产业基础，是这样吗？

沈欣：是的，涡阳是安徽重要的粮食生产大县，更是长三角休闲旅游名城，现有天静宫、东岳庙、尹喜墓、范蠡冢、嵇康墓、陈抟卧迹、红城子遗迹和张乐行故等众多古迹，以及武家河、捻军会盟遗址和新四军第四师纪念馆等，初具县域旅游规模。

这个项目是涉及涡阳全域以辉山开始，还是仅涉及辉山的乡建规划设计？

沈欣：这个项目是立足涡阳县全域的美丽乡村建设项目，有类似辉山村的单一性村庄建设，以及县城的老城区改造和田园综合体建设。

选择辉山村作为第一个落脚点，这是出于什么考虑？

沈欣：第一，它是涡阳县具有普遍意义的典型农村，它的改造在涡阳县域内具有一定的示范效应。

第二，这里留下众多革命先烈的足迹，并建有安葬300多名烈士的辉山烈士陵园，是涡阳县及周边县域重要的红色教育基地；同时，这里有石佛寺、柴村庙、侯氏孤堆等遗址，凭借丰富的旅游资源，易在短期内打造一个有品位的乡村旅游目的地。

第三，以辉山烈士陵园为中心，已形成一定规模的中心村集市街道建筑群，通过采用修复（辉山烈士陵园等历史建筑）、整改（村庄集市街道两边建筑的风貌改造）和拆除（危房、占道建筑物）的方式，易在短期内打造一批有示范效应的美丽乡村建设的示范性建筑，有利于推动涡阳全域的美丽乡村建设。

"安徽农道"团队是按照涡阳总规—辉山总规—单体或局部改建新建项目的逻辑完成规划设计方案吗？

沈欣：是的。如果再详细一点，那就是在整体规划上按照涡阳总规—辉山总规—单体或局部改建新建项目这一逻辑逐步推进，但具体实施过程中则是辉山、义门镇等五个村镇同步展开。

涡阳相传是老子的故里、文化名城……在整个方案上，"绿十字"软件建设（资源分类、生态治理、文化挖掘、传统习俗、产业定位……）的工作量应该大于、重于传统意义上规划设计的工作量。是否有专门的软件团队同时建设？在规划设计中如何考虑并协调软件建设？请具举一个具体的例子？

沈欣："安徽农道"作为"绿十字"和农道联众（北京）城乡规划设计研究院有限公司的一分子，一直秉承"把农村建设得更像农村"和"先生活、后生产"的理念。从一开始就按照"系统化乡建"的基本思路，从环境修复、产业发展、文化复兴和村级组织建设四个方面谋划涡阳的县域美丽乡村建设项目。按照"把建筑当艺术，把产业当文化，把文化当生活"的基本原则，从辉山的建筑改造(旧房改造——侯虎超市；新房建设——辉山小院)、村容村貌整治（村庄街道建筑立面改造）、环境美化（种植经果林、修建荷花塘）和软件落地（成立专门的乡村软件团队，推广以修复辉山村自我造血能力为目的的"内置金融"模式组建"辉山养老互助协会"，开展村民垃圾分类培训）等方面，有条不紊地推动辉山村美丽乡村建设各个环节的落地与实施。

孙老师提过，这个项目是"绿十字"、"安徽农道"与安徽誉阳建设有限公司合作完成，施工建设单位在项目中起到什么作用？在合作、互动过程中有什么收获？

沈欣："安徽农道"与孙老师的其他农道团队，既有相同之处，也有不同之处。相同的是按照孙老师的乡村建设理论推动美丽乡村建设项目。不同的是"安徽农道"有自己的建筑施工团队——安徽誉阳建设有限公司。它早在"安徽农道"成立之前就已成立，是由我们夫妻二人共同成立的独资公司，在合肥已有十几年的历史，并在合肥建筑圈内享有很高的知名度。安徽誉阳建设有限公司与"安徽农道"是合作关系，没有隶属关系，它作为"安徽农道"项目的合作者，参与"安徽农道"的项目建设，主要承担建筑施工任务，在财务上独立核算、自负盈亏。以施工专业公司落实"安徽农道"的作品，真正意义上实现设计施工一体化。

安徽誉阳建设有限公司与"安徽农道"合作的最大好处，是加速推动设计成果的转化，并加快涡阳美丽乡村项目建设进度。

"安徽农道"投身于乡村建设上，还有时间和精力做其他项目吗？

沈欣："安徽农道"全力经营乡建事业，力求"把农村建设得更像农村"，落实十九大提出的乡村振兴发展战略。

6.1.5　采访涡阳县分管领导黄恺

我查了一下资料，您在基层工作很多年，包括地方政府委办局机关、乡镇政府的领导……我想，您对从20世纪八九十年代农村改革发展，到今天的新农村建设、乡村振兴的发展过程都非常熟悉。可否简单概述一下，您认为这三十多年来乡村发展大致分为几个阶段？不同阶段的特点和重点是什么？

黄恺：共分四个阶段。第一个阶段是20世纪90年代初至90年代中期的"农村基础设施改造"，以改善农村道路、农村电网为主；第二阶段是20世纪90年代末至2005年的"新型农村社区改造"，主要是"一建、四改"工程，

"一建"是建美丽民居，"四改"是改水、改灶（沼气灶）、改厕、改圈；第三阶段是 2006 年至 2016 年的"新农村建设阶段"，以道路硬化、村容村貌整治为主，并提出"生产发展、生活宽裕、乡风文明、村容整洁、管理民主"20字的新农村建设方针。第四阶段是当前的"乡村振兴"，即乡村产业、人才、文化、生态和组织五位一体的全面振兴。

"乡村振兴战略"是十九大的重要指示精神之一，作为分管农村经济（包括扶贫开发）、农（林）业、美丽乡村建设等工作的副县长，请您简单概述一下，"乡村振兴"对于广大农村、对整个经济发展有何作用和重要性？

黄恺：首先，乡村振兴涉及乡村的产业兴旺、生态宜居、乡风文明、有效治理和生活富裕等系统性工程。其次，乡村振兴有了新方法、新举措。绿水青山即金山银山的"两山理论"，让"望得见山、看得见水、记得住乡愁"的乡村建设路线图更加清晰。

据我所知，涡阳项目是您整体谋划、主抓的。为什么选择与"绿十字"合作？促使您做出这个决定最关键的因素是什么？

黄恺：新农村建设从 2006 年开始已有十多年的历史，其间我们参观过不少地方的新农村建设示范点，接触到很多乡村建设领域的专家学者和规划设计师。总体感觉是，所看到的不是想象中的乡村建设样本，所接触的规划一般很难落地。在见到孙君老师的"绿十字"团队并参观他们建设的郝堂村、小堤村后，我认为，"把农村建设得更像农村"这一理念以及规划、设计、运营全过程的系统性乡建方法非常契合当地的实际情况，他们就是我们要找的乡建合作方。

为什么把辉山村作为涡阳全域旅游的第一个实施项目点？这与涡阳全域旅游的整体方针、定位有什么关联？这个试点的意义是什么？

黄恺：一方面，辉山村是一个典型的农业村落，在涡阳县有一定的代表性。另一方面，辉山村具有发展乡村旅游的基础，如著名将军彭雪枫、张震等曾在此留下革命的足迹，"辉山烈士陵园"是涡阳县周边县域重要的红色教育基地，这契合涡阳发展全域旅游的大方向。普遍性与特殊性的重叠，使辉山村成为涡阳全域旅游的第一个实施项目点，对在全县的发展起到示范作用。

在您看来，相较于最初的设想，辉山村项目的完成程度如何？哪些地方令您最满意的或印象最深？哪些地方未能实现最初的设想？为什么？

黄恺：辉山村项目还在建设中，现在评价结果如何，还为时尚早。目前，项目推进过程与我们的最初规划基本契合，已完成的部分示范户外立面改造的效果基本符合农户的期待，像侯虎超市、辉山小院等旧房改造和新建民宿给人留下深刻的印象，农民养老互助协会、垃圾分类等软件系统正在有序推进。

景观环境的改造，如经果林、荷花塘等速度有些滞后，村干部的主动性和村民的参与度有待提高。

在项目过程中，与"绿十字"及孙君老师交流最多的是什么？

黄恺：乡村建设的理念、规划设计的细节，以及未来运营的办法。

在涡阳以及辉山村的乡村建设方案实施中，作为政府领导，您认为政府与非政府组织合作，应该各自承担什么工作？实现良好合作、协同推进最重要的因素是什么？

黄恺：政府负责村民的组织、部门的协调和建设资金的调配，非政府组织合作负责规划、设计、工程施工和培训。

最重要的因素是理念的认同和相互信任。

目前，辉山村项目起到哪些示范作用？未来还有什么新的发展目标？

黄恺：到目前为止，辉山村的美丽乡村雏形基本形成，尤其是民居改造以及在改造过程中的资源整合与调动，已在全县形成示范效应。未来将聚焦于辉山村产业发展和项目运营，让村民有获得感，让村集体有存在感，让村庄各项事业有序开展，这是辉山村美丽乡村建设的长远目标。

6.2　媒体报道

6.2.1　涡阳县委中心组开展第四次理论学习会议活动

时间：2018 年 4 月 9 日

来源：涡阳县政府网

2018 年 4 月 4 日，县委中心组开展第四次理论学习会议活动。胡明文、熊国洪、刘峰、陈长安、韩龙、黄恺、刘梦汝、郑虹、丰霄寒、丁博、乔健、马勇、苏志杰、刘峰等县领导参加活动。

胡明文一行首先来到曹市镇辉山革命烈士陵园，进行祭扫活动，重温入党誓词，聆听革命故事，缅怀革命先烈的丰功伟绩。在辉山革命烈士陵园，巍峨的革命烈士纪念塔，在松柏的映衬下，显得格外庄严肃穆。

在纪念碑前，县几套班子领导坚定地举起右手，在县委副书记陈长安的带领下重温入党誓词。随后，全体人员向长眠于此的革命烈士敬献花圈、默哀致敬，表达对烈士们的深切怀念和敬仰之情。

在忠烈祠前小广场，县委书记胡明文等县领导坐在小马扎上，认真聆听辉山村老支书和辉山烈士陵园守陵人讲述辉山革命故事。一句句朴实的话语，一个个感人的革命故事，让大家仿佛置身战火纷飞的年代，感受先烈们艰苦奋斗不屈不挠、顽强拼搏的革命精神。通过追忆革命先烈，接受革命传统教育。使大家受到了一次深刻的心灵洗礼，坚定了不忘初心、砥砺前行的理想信念。

随后，胡明文一行先后来到辉山忠烈小学、丁永年故居、沿街商业、老书记书屋，通过看乡村、听介绍、访群众，详细了解了曹市辉山村美丽乡村建设情况。

在随后召开的县委中心组第四次理论学习会上，胡明文指出，通过今天的参观，实地感受了辉山村美丽乡村建设工作取得的初步成效，也更加坚定了我们开展美丽乡村工作的信心和决心，始终坚持以人民利益为中心，走出一条符合涡阳实际、具有示范带动作用的美丽乡村建设新路。全县上下要坚定不移地学习贯彻党的十九大精神和中央、省委关于乡村振兴战略决策部署，以脱贫攻坚总揽经济社会发展全局，做好乡村振兴涡阳文章。要加大宣传力度，通过多种渠道、平台，积极推广辉山村美丽乡村建设经验、模式。

就相关具体工作，胡明文要求，要把辉山村建设成县委党性教育基地，县委组织部、党校等部门要围绕乡村振兴和新时代农民教育，积极研究成立涡阳县新时代农民讲习所，进一步推动党的十九大精神进农村。宣传部等部门要认真做好口述历史传承工作。

会上，县委副书记陈长安传达学习了《中共安徽省委　安徽省人民政府关于推进乡村振兴战略的实施意见》（皖发〔2018〕1号）文件精神。"安徽农道"设计总监张承宏介绍了实施乡村振兴战略和全域旅游项目有关情况。县委常委、副县长黄恺，县委常委、宣传部长郑虹，县委常委、组织部长丰霄寒分别围绕主题做研讨发言。

6.2.2　亳州：将美丽乡村建设与旅游发展深度融合

时间：2018年3月8日

来源：中国亳州网——《亳州日报》

在美丽乡村建设中，涡阳县从机制完善、督查调度等方面入手，把美丽乡村建设与旅游发展深度融合，通过全域旅游改善农村人居环境。

在美丽乡村建设过程中，该县着眼于"乡村振兴、涡阳增色"，规划实施"美丽涡阳全域旅游"五个项目，既开发好该县旅游资源，又激发镇村内生动力，努力以特色旅游业推进乡村振兴。围绕把曹市镇辉山村打造成为具有皖北特色文化内涵的红色旅游 + 休闲服务性村庄；把新兴镇打造成为国内特色鲜明的红色旅游服务型小镇，把义门镇打造成一个高境界的生活、文化古镇，把湿地公园打造成展示道德经的活态博物馆——善水流园；把老城区雉河集打造成集民俗体验、非遗传承、度假康养、风情食宿于一体的休闲文旅特色城，统筹推进项目建设。

目前，曹市镇辉山村小学、幼儿园包装改造已完工，村庄四户示范户、沿街立面、村标景观提升、游客服务中心、烈士陵园景观提升、道路及县道016步行街区、博物馆塘坝景观及木栈道台阶景观附属设施建设等工程已于近日完工，这些工程的实施将使辉山村成为具有初步旅游接待能力的美丽乡村。新兴镇的拂晓南街、雪枫沟景观提升、大型停车场加快建设已经初具规模。义门镇真源南路示范段建筑改造、孙君院子改造工程于近日完工，主要入口和核心区域部分工程有序推进；道源湿地公园的无为潭、无为书院建筑、景观工程以及环湖路"135工程"等一期项目基本完工，并初具景区结构和接待能力。老城区雉河集的人民影院、红旗旅舍、城隍庙与孙万霖公馆等景观节点及道路改造拆迁工作将逐项启动，计划 2018 年 10 月 1 日前完成。

在农村环境整治"三大革命"中，涡阳县建立有害垃圾"户分类、村回收、镇转运、县集中处理"的有害垃圾收运机制。目前，总体投入近 1000 万元，其中投入回收资金 261.99 万元，回收有害垃圾近 200 吨。在厕改方面，当地充分遵照农户意愿，引导农户把院外、路边厕所改到屋内、院内。本着进院靠墙拆旧利旧、节俭实用的原则，充分利用旧砖瓦、旧木材，既节约改厕费用，又解决了农村建筑垃圾及生活废品乱堆乱放问题，并且经久坚固、实用安全。首批 15 000 户的改厕任务，均在 2017 年拟脱贫户及危改户中实施，目前已开工 12 800 户，竣工 8263 户，各镇已完成初步检查验收。

6.2.3　涡阳：让美丽成为乡村振兴的发力点

时间：2018 年 6 月 8 日

来源：人民网——安徽频道

据《亳州晚报》消息，在全面落实乡村振兴战略中，涡阳县依托美丽乡村建设，结合农村环境"三大革命"，加快补齐农村环境短板，建设鸟语花香、田园风光、宜业宜居的美丽乡村，让广大农民拥有更多的获得感和幸福感。

环境变美更宜居

"现在用粪水浇地，你看菜长得多好！"近日，在涡阳县青疃镇寺东王村，薛影正在自家门前的小菜园给蔬菜施肥，肥料是旱厕改造成水冲式厕所后产生的粪水。

薛影的家位于村庄南侧，两层楼房位于院子北侧，大门外是她家的小菜园，里面种满了黄瓜、辣椒等蔬菜，在主人的精心打理下，蔬菜长势喜人。宽敞的院落里，水冲式厕所靠西南角而建，旁边是个小花园，红花绿草相互映衬，非常美丽，清爽而干净。

多年前的皖北乡村，给人的印象大多是道路狭窄泥泞，房前屋后杂物乱堆、杂草丛生。如今，走在寺东王村，条条宽阔干净的水泥路穿村而过，路旁绿树成荫，一幢幢楼房有序排列在路旁，村里的河沟旁也是鸟语花香，绿意盎然。这些都是农村人居环境整治带来的变化。

作为农村人居环境整治试点村，寺东王村与全县其他乡村一起，结合农村清洁工程和"三大革命",把家家户户的旱厕改成了卫生间,安装了化粪设备,让村民可以利用科学腐化后的有机粪水浇灌庄稼。不少村民还在改厕的同时,仿照城里卫生间,安装了淋浴器和马桶,既解决了环境问题,又方便了生活。此外,大家还把村里乱堆乱放的垃圾杂物清理了一遍,把道路进行了硬化,把树木种在了路旁,让昔日不起眼的小村庄变成了如今这般模样。

"大家腰包鼓了,家家户户建起了楼房,政府把村里的环境变好了,如今的村庄就像别墅区一样""农民现在太幸福了,住在漂亮的村庄里,开车进出很方便,跟住城里没啥两样"……在乡村走访中,村民们你一言我一语,幸福的感觉溢于言表。

"实现乡村振兴,改善农村人居环境是重要前提。"涡阳县美丽办主任侯晓明告诉记者,当地在农村人居环境整治中,充分结合农村环境"三大革命",全面开展清理垃圾、清理杂乱、清理沟塘"三项清理",大力推进道路硬化、村庄绿化、村庄亮化"三项工程",全面落实资金投入、专职队伍建设、管理机制建设等"三项保障",实现了人居环境整治工作的常态长效,同时引导村民在房前屋后建好小菜园、小果园、小花园等"小三园",探索总结调动群众可参与、可复制、可推广的工作推进方式。

另外,当地还引导村民把旱厕改造成卫生间,提升了村民的生活品质。并充分挖掘乡风文明,通过广播、宣传标语等倡导文明,把文明创建与人居环境整治充分融合,做到内外兼修,这才有了今日农村新面貌。

乡村升级更宜业

在农村人居环境改善中,涡阳县还聚力全域旅游,打造美丽乡村建设新样板。曹市镇辉山村便是首个样板实施点。

辉山村因辉山而命名,这里有为悼念新四军第四师第十一旅的300余名烈士而建的辉山陵园,是红色爱国主义教育基地。

沿着刚刚铺成的柏油路驶进村庄,两旁的房屋均采用白墙灰瓦设计,房屋采用木质材料的门窗和屋檐,古色古香,自成一体,很有韵味。

在临街拐角处,有一个徽派建筑风格的超市,是村民侯虎自主经营的。这座两层楼房内,还有餐厅、客房,装修典雅,俨然是一家集吃住购于一体的综合服务中心。

侯虎说，以前他家的楼房可没有这么漂亮，去年，村里统一规划改造装修，打算打造辉山村旅游景点，他有幸成为第一个改造户。

"刚开始说帮我改造房屋，我还不太理解，后来知道这是县里为了发展乡村旅游，要把辉山村作为试点打造，政府还补贴了大部分装修资金。没想到装修后这么漂亮。"侯虎高兴地说，装修后他的超市生意好了很多，家里还配套设置了客房和餐厅，让前来游玩的人可以在这里吃住。

"早些年俺和媳妇常年在外打工，一年也挣不了多少钱，现在家里要发展旅游，生意好了，俺俩也不出去打工了，待在村里既照顾了家又挣了钱。"侯虎对未来充满期望。

辉山村在经历了近一年的改造后初见成效。现在，村前村后路面平整，花红柳绿，村民的房屋经过一体化改造后，看上去典雅别致，漫步村庄，俨然到了江南文化小镇一样。

和侯虎一样，不少村民都已陆续返乡。大家说，以前的村庄都是各自单独修建的房屋，一家一个样，单调又杂乱，现在经过统一规划改造后，昔日陈旧破陋的辉山村已脱胎换骨，成为美丽乡村示范点、红色旅游的胜地。

目前，辉山村正在着力进行古民居修复改造、村庄环境整治、生态环境修复、乡村景观建设、推广有机农业、成立互助合作社等一系列工程，全力打造具有历史记忆和地域特色的休闲旅游服务型村庄，真正让人们"望得见山、看得见水、记得住乡愁"，努力成为使游客流连忘返的旅游名地、艺术家交流与创作的精神家园，一个拥有诗和远方的红色村落。

除了辉山村以外，涡阳县着眼于"乡村振兴、涡阳增色"，还全面启动了义门千年古镇、新兴红色旅游、老城区保护、城西田园综合体等全域旅游项目，目前工程改造已经规模初显、效果初现。

补齐短板再前行

自 2017 年以来，涡阳县广泛实施农村人居环境整治，在整治中坚持试点先行，以农村建制村、乡镇驻地建成区为重点区域，以厕所革命为抓手，把贫困村、沿河沿线村、自主建设中心村、人居环境试点村作为重点进行厕改；把 20 个集镇建成区的管理纳入农村清洁工程和文明创建月度考评，以高频次考评促进集镇管理工作的规范化。

2018 年 5 月，我省出台了《安徽省农村人居环境整治三年行动实施方案》，要求以农村垃圾、污水治理和村容村貌提升为主攻方向，加快补齐农村人居环境突出短板，建设好生态宜居的美丽乡村。为此，不久前，涡阳县迅速制定了《2018年农村人居环境整治试点工作方案》，为建设生态宜居"美好乡村"再添力。

根据方案要求，2018年，涡阳县将以贫困村、美丽乡村建设村庄为重点，结合农村环境"三大革命"工作，全面完成100座公厕提升、20个集镇建成区管理和500个试点自然村为主要内容的农村人居环境整治示范工程。到2018年底，实现全县集镇建成区公共厕所达到旅游厕所标准，生活污水集中收集处理；广泛推进农村户用厕所改造成无害化水冲式厕所，生活污水乱排乱放得到有效管控；全面推进试点村绿化、亮化、净化、硬化、美化，做到环境整洁有序，地绿水净，田园秀美。

"新时代下的新农村，应该是年轻人愿意归来，鸟儿愿意在此安家，树木成林、河水碧绿的地方，让富裕起来的村民尽享改革开放的丰硕成果，尽享新时代农民的幸福生活。"侯晓明表示，改善人居环境、实现乡村振兴是一个大课题，需要从一点一滴做起。为此，涡阳县将围绕目标任务，秉承"把农村建设得更像农村"这一理念，从清理垃圾、杂乱和沟塘入手，充分补齐农村环境里的短板，努力让乡村树木更绿、河水更清、天空更蓝，全力守护绿水青山。

把农村建设得更像农村

党的十九大报告提出乡村振兴战略以及"产业兴旺、生态宜居、乡风文明、治理有效、生活富裕"的总要求，加快推进农业农村现代化。在全面建成小康社会的决胜期，乡村振兴战略是新农村建设、美丽乡村建设的升级版。在生态建设方面，从原来的村容整洁提升到生态宜居，实现了从外在美向外在美与满足人民日益增长的美好生活需要相统一的转变，要实现乡村振兴战略中提出的"生态宜居"目标，必须强化农村生态治理。

生态治理作为乡村振兴的重要内容，是顺应广大农民美好生活心愿的真实体现，虽然没有成熟的经验可借鉴，但有一个前行的准则，那就是坚持"绿水青山就是金山银山"。只要坚守这一准则，围绕这一准则，实现水更绿、天更蓝的梦想将不会遥远。

在生态环境治理中，涡阳县坚持"把农村建设得更像农村"的理念，从小处着手，下大力气改善村容村貌，着力强基固本，打造了乡村宜居的好环境，之后再出发，将美丽乡村与旅游业巧妙融合，为村民创造宜业新环境，致力于让年轻人返乡，让鸟儿回来，乡村振兴战略势必会落地开花。

附　录

团队简介

　　安徽农道建筑规划设计有限公司是一家集城乡规划设计、产业包装及乡村激活于一体的综合性公司，以传承中国传统文化风韵、打造中国美丽乡村典范为使命，坚持上善若水、居善地、心善渊、与善仁、言善信、政善治、事善能、动善时的核心价值观，深耕中国传统文化，营造无边界的空间形态，自然清新且令人愉悦，同时建设一大批在国内外有重大影响力的新型城镇化、美丽乡村系统研究与建设咨询服务项目，取得了良好的社会效益和经济效益。已落地及实施中的项目均呈现一派欣欣向荣的美丽新气象。公司不断加强综合服务能力建设，携手更多的合作伙伴，不断优化产品和模式，为农民、为社会、为中国"建设未来村、共创新生活"，立志成为中国乡村建设事业的领跑者和"播种机"。

团队成员

沈欣　董事长

安徽农道建筑规划设计有限公司董事长

安徽农道文旅产业发展有限公司总经理

合肥市蜀山区政协常委

安徽建筑大学土木工程系毕业，"安徽农道"创始人，带领团队以系统性规划设计理念和陪伴式方法建设美丽乡村，激活乡村产业，让乡村在可持续发展中拥有宜居的生活环境。

张承宏　设计总监

安徽农道建筑规划设计有限公司设计总监

国际生态环境设计 IEED 联盟乡土设计研究院院长

住建部城市与乡村统筹发展专业委员会规划师

从室内设计入行，主持金螳螂设计院第七设计分院三所（安徽区域）工作，创办安徽承宏设计顾问有限公司，后加入"安徽农道"乡建规划设计团队。

陶义　工程总监

安徽农道建筑规划设计有限公司工程总监

安徽誉阳建设有限公司总经理

国家注册建造师，长期深入施工现场，从事乡村系统建设营造和乡村生态环境修复管理工作，拥有丰富的美丽乡村项目落地建设实施经验。

"绿十字"简介

"绿十字"作为一家民间非营利组织,成立于2003年。十多年来,"绿十字"秉承"把农村建设得更像农村""财力有限,民力无限""乡村,未来中国人的奢侈品"的理念,开展了多种模式的新农村建设。

项目案例:

湖北省谷城县五山镇堰河村生态文明村建设"五山模式"

湖北省枝江市问安镇"五谷源缘绿色问安"乡镇建设项目

湖北省广水市武胜关镇桃源村"世外桃源计划——乡村文化复兴"项目

湖北省十堰市郧阳区樱桃沟村"樱桃沟村旅游发展"项目

河南省信阳市平桥区深化农村改革发展综合试验区郝堂村"郝堂茶人家"项目(郝堂村入选住建部第一批"美丽宜居村庄"第一名)

河南省信阳市新县"英雄梦·新县梦"规划设计公益行项目

四川省"5·12"汶川大地震灾后重建项目

湖南省怀化市会同县高椅乡高椅古村 "高椅村的故事"项目(高椅村入选住建部第三批"美丽宜居村庄")

湖南省汝城县土桥镇金山村"金山莲颐"项目

河北省阜平县"阜平富民,有续扶贫"项目

河北省邯郸县河沙镇镇小堤村"美丽小堤·风情古枣"全面"软件"项目(小堤村项目被评为"2016年中国十大最美乡村"第一名)

"绿十字"在多年的乡村实践过程中,非常重视"软件"建设,包括乡村环境营造(资源分类、处理技术引进、精神环境净化),基层组织建设(党建、村建、家建),绿色生态修复工程(土壤改良、有机农业、水质净化、污水处理),村民能力提升(好农妇培训、女红培训、电商培训、家庭和谐培训),扶贫产业发展(养老互助、产业合作、教育基金,扶贫项目引入),传统文化回归(姓氏、宗祠、民俗、村谱),乡村品牌推广(文创、度假管理),美丽乡村宣传(通信、微信、网站、书刊、论坛、大赛、官媒)等。从2017年起,"绿十字"乡村建设开始运营前置与金融导入,进入全面的"软件运营"时代。

致 谢

感谢"绿十字"发起人、"安徽农道"总顾问孙君对项目建设的精心指导，孙君老师精准的定位和独到的乡建理论指导着设计团队不断前行。感谢设计总监张承宏、工程总监陶义等为辉山村的建设做出的贡献，感谢每一位农道成员在项目上的付出，感谢辉山当地居民对我们的理解。

感谢涡阳县政府领导对项目建设的投入和关注。县政府大力支持工作，领导的每一次视察都是对我们满满的关心和监督，让我们深深感受到了当地政府以人为本，执政为民的决心。

现如今，辉山村项目建设基本结束了，项目建设没有大拆大建，没有成排上线，项目着力进行古民居修复改造、村庄环境整治、生态环境修复、乡村景观建设、推广有机农业、成立互助合作社等一系列工程。迄今，辉山村已经走过600多个日日夜夜，对我们来说，每一天都是那么的不平凡。我们经历了无人能解的重压，经历了图纸修改完善的纠结，经历了短暂的迷惘焦灼……终于，在辉山这片土地上我们完成了最初的承诺，让辉山的环境变整洁了，让背井离乡的村民们回归，让家庭式的乡宿开起来，让投资商信任，让远近的游客觉得来的值得。

真心感谢所有为辉山村项目付出心血的人们，我为你们感到自豪。

沈欣

图书在版编目（CIP）数据

把农村建设得更像农村. 辉山村 / 沈欣著. -- 南京：
江苏凤凰科学技术出版社，2019.2
　（中国乡村建设系列丛书）
　ISBN 978-7-5537-9951-3

　Ⅰ. ①把… Ⅱ. ①沈… Ⅲ. ①农业建筑－建筑设计－
涡阳县 Ⅳ. ①TU26

中国版本图书馆CIP数据核字(2018)第292169号

把农村建设得更像农村　辉山村

著　　　者	沈　欣
项 目 策 划	凤凰空间／周明艳
责 任 编 辑	刘屹立　赵　研
特 约 编 辑	王雨晨

出 版 发 行	江苏凤凰科学技术出版社
出版社地址	南京市湖南路1号A楼，邮编：210009
出版社网址	http：//www.pspress.cn
总 经 销	天津凤凰空间文化传媒有限公司
总经销网址	http：//www.ifengspace.cn
印　　　刷	北京市雅迪彩色印刷有限公司

开　　　本	710 mm×1 000 mm　1／16
印　　　张	9
版　　　次	2019年2月第1版
印　　　次	2023年3月第2次印刷

标 准 书 号	ISBN 978-7-5537-9951-3
定　　　价	58.00元

图书如有印装质量问题，可随时向销售部调换（电话：022-87893668）。